成熟女性
发型基础造型

李 鑫／编著

人民邮电出版社

北 京

图书在版编目（CIP）数据

成熟女性发型基础造型 / 李鑫编著. -- 北京：人民邮电出版社，2019.3
ISBN 978-7-115-50505-7

Ⅰ. ①成… Ⅱ. ①李… Ⅲ. ①女性－发型－设计 Ⅳ. ①TS974.21

中国版本图书馆CIP数据核字(2019)第023478号

内 容 提 要

　　本书是专门针对成熟女性发型设计的剪发技术图书，详细介绍了打造成熟女性发型的基本原则、比例以及不同脸型和年龄段需要注意的问题。书中提供了6种女性发型案例，包括纵向划分发片波波头、横向划分发片波波头、侧面层次波波头、短发层次波波头以及肩下中长发造型和耳上短发造型。

　　本书适合美发培训学校师生、职业学校师生、美发师、美发助理阅读。

　◆ 编　著　李　鑫
　　　责任编辑　李天骄
　　　责任印制　周昇亮
　◆ 人民邮电出版社出版发行　　北京市丰台区成寿寺路 11 号
　　　邮编　100164　电子邮件　315@ptpress.com.cn
　　　网址　http://www.ptpress.com.cn
　　　北京缤索印刷有限公司印刷
　◆ 开本：787×1092　1/16
　　　印张：15　　　　　　　　　　2019 年 3 月第 1 版
　　　字数：725 千字　　　　　　　2019 年 3 月北京第 1 次印刷

定价：89.00 元

读者服务热线：**(010)81055296**　印装质量热线：**(010)81055316**
反盗版热线：**(010)81055315**
广告经营许可证：京东工商广登字 20170147 号

目录

打造成熟女性发型的原则

用重量区提高视线

　　无论过去还是现在，女性发型的基础都是压倒性的低层次造型，或者几乎没有层次幅度。作为大多数人的偏好，这种下摆厚重的造型成为流行的趋势。但是，这种接近内短外长的齐发的低层次造型，不建议中年顾客采用，因为她们的脸部轮廓和眼尾、两颊皮肤已经具有下垂的态势，如若在造型中的下面，残留一部分有分量感的"重量区"，就

会强调下降感，从而显露了老态。要想看起来年轻，就要提高重量区的位置，将人们的视线提升到高处。另外，发量较少的头发，不把层次幅度累积起来，从下往上支撑起发型的话，反而显得头发的体积更小了。与其使顶部变瘪或让头发毫无章法地竖起来，倒不如将重量区放在高处，这样看起来会更饱满。

■ 发量较少，就很难引人注目

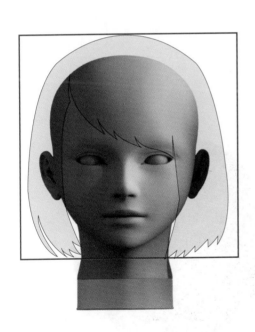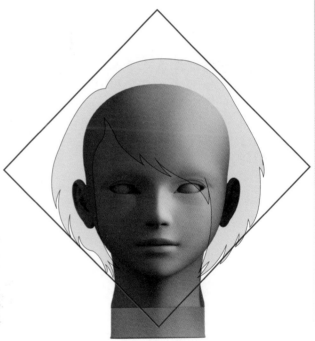

　　将波波头稍微改变一下，就可以变成四角的形状。发量少的情况下，四角的形状反而容易显得平庸。下摆加入层次幅度，表面也加入等级，做成菱形，才会表现出体积感来。

■ 不要放任视线下降不管

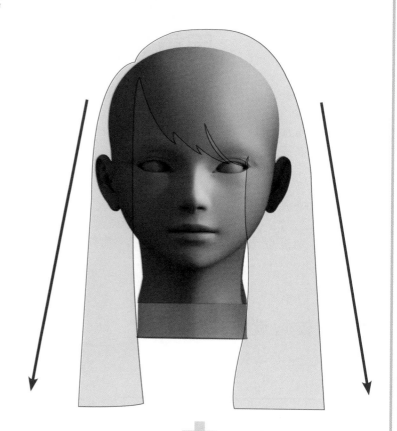

有的造型下摆很厚重，看的时候视线就会下降。稍微做一些段差（层次幅度）出来的话，即使一点点，也会阻止视线下降，避免给人留下笨重的印象。

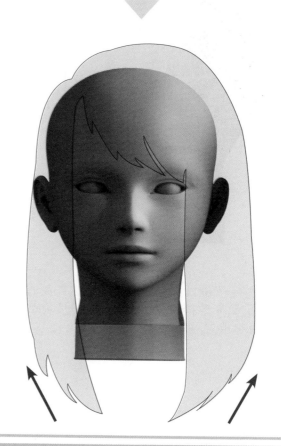

■ 重量区上移的话，从侧面看也很年轻

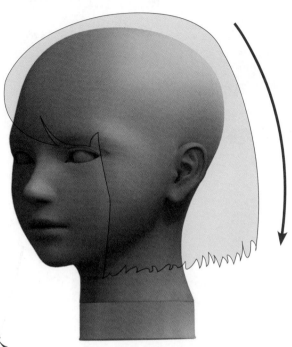

因为重量区上移了，从侧面看也会给人很年轻的印象。使视线下降的发型，会凸显脑袋的圆，强调肩、后背的线条。要是重量区位置高的话，也能看见身体的轮廓。

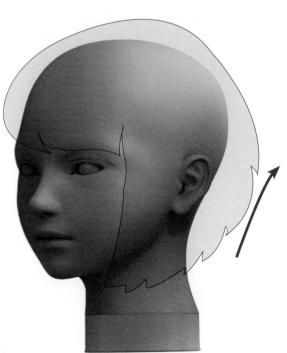

看不出年龄的发型搭配

除重量区以外，还有一些因素会使人观看时视线下降而看出老态。特别是有一些因素会使脸周围视线下降，就会更加强调脸部皮肤的松弛和嘴角的下垂。

所以，一定要注意。另外，修剪成熟女性的发型，还建议大家注意发型的张弛和平衡。

■ 头发的方向全部向内，会让人看出年龄

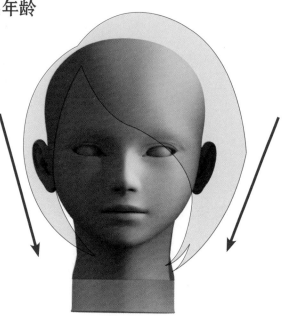

发梢全部向内卷的造型，容易使视线向下，从而显出年龄。不管在哪个位置，留一部分略向外翻卷的头发，会给人留下年轻的印象。

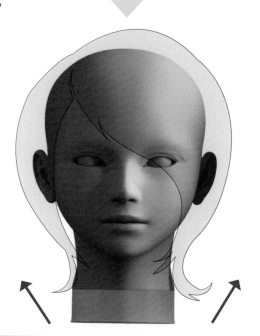

■ 在脸的周围，不要做出带有下降感的头发

有时，在造型的边缘、沿着脸部周围留下一缕直线的头发。要是年轻人的话，这会成为发型的点睛之笔；要是中年以上的人，就要考虑是否会显老。

■ 要想做出向内凹陷的感觉的话，就要避免垂直的发线

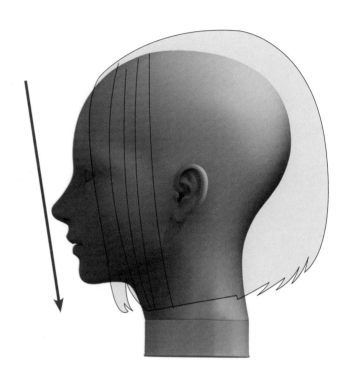

直发的方向性会影响侧脸。笔直下垂的发线只会强调头发的竖垂感。要想做出凹陷感的话，就不要使发线垂直下落。

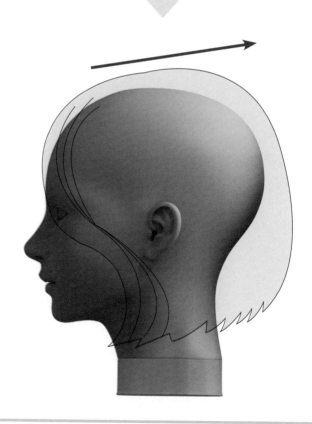

■ 成熟女性的发型要尽量避免散落的发丝出现

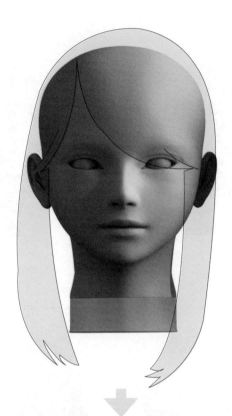

分散地从脸上垂落下来的头发，会给人凌乱的感觉。如果是成年女性的话，会看上去很疲惫。

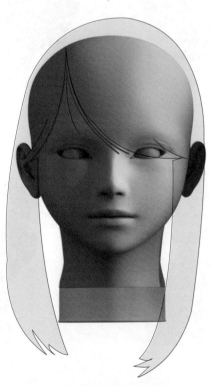

■ 2：1的平衡比例会让人显得年轻

刘海的长度、重量区的位置等为 1 ： 1 的平衡比例时，会使人显得沉着冷静，从而显露老态。变成 2 ： 1 的平衡比例的话，会产生一种韵律，给人年轻的感觉。

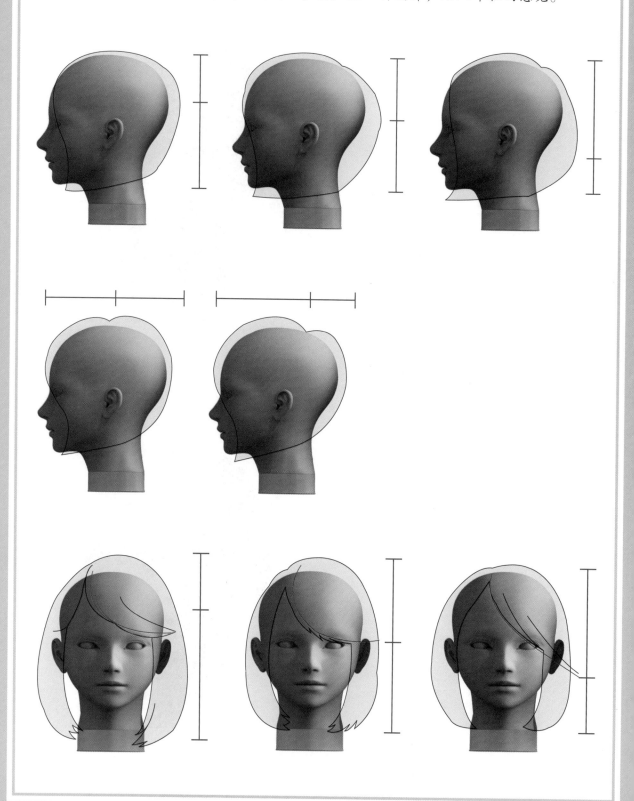

修剪的组合方法

以不偏离要点的修剪为目的,介绍具有代表性的修剪顺序。

在基础修剪之上,认真地做好重量区

前面已经将重量区的重要性说明了。在实际的修剪当中,首先要用层次幅度明确地将重量区的位置固定住。这本书介绍的造型大多也是从后面的层次幅度开始修剪。虽然有几个是从前面或顶部开始修剪的造型,但那是由于在设计当中,前面或者顶部比较重要。无论怎样,从造型的要点部分开始操作是成功的关键。

从哪个位置开始有段差是由重量区的位置决定的。从这以后的修剪,虽然形状上会有或多或少的变化,但是重量区的位置基本就确定在这里了。

修剪出流畅的形状

如果只是修剪出基本的层次的话，形状会不平滑，女性化的圆形表现不出来。考虑到女性历来重视的品质感，稍微精修一下，做出流畅的形状是很有必要的。
本书18个实例造型中，顶部几乎都采用了高层次造型，并且注意了高层次与低层次之间的修剪方法，也就是对层次幅度修剪的检查（检查修剪）。这样做的话，重量区部分的形状就会融入整体，使发型变成圆滑的形状。

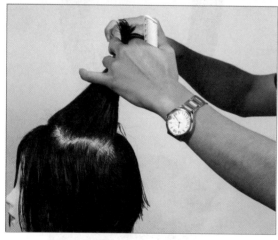

表面的头发是用均等层次或者高层次的线条进行修剪的，并且要剪掉切口部分产生的角。

14

部分和细节的修剪

整体形状以外的细小部分，也不能马虎，要认真地修剪，才能表现出高品质感。尤其是像波波头那样外形线条醒目的造型，要使头发在运动的时候，内侧的头发也不会显露出来，就要进行检查修剪。另外，在短发造型的情况下，为了不使设计看起来呆滞，鬓角、耳朵周围要做成尖锐的形状。

在许多造型中，脸部的周围轮廓以基础修剪和部分细节修剪相结合来进行修剪。另外，对于设计上的重点部分，用具有较大段差的层次幅度进行修剪。

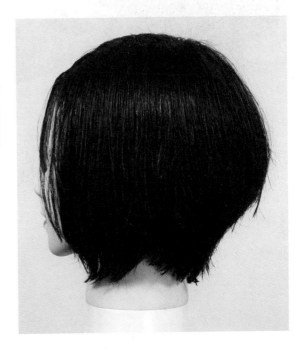

沿着基础的修剪线进行精修剪

最后，进行减少发量、表现出质感的精修剪。大多数的情况下使用牙剪，基本上是平行于基础的修剪线，使用牙剪进行修剪。这样做的话，会给人轻盈的感觉，并且会防止发梢轻薄或凌乱。为了不表现出疲态，成人的发梢需要有一定的厚度。

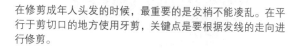

在修剪成年人头发的时候，最重要的是发梢不能凌乱。在平行于剪切口的地方使用牙剪，关键点是要根据发线的走向进行修剪。

形成流畅的形状

关于如何才能修剪出流畅的形状,下面将进行基本方法的讲解。

■ 层次幅度修剪后的状态

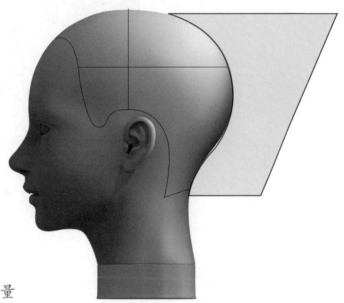

单就层次幅度修剪方法来说,重量
区部分成四角形后,在形状上会给
人不平滑的印象。

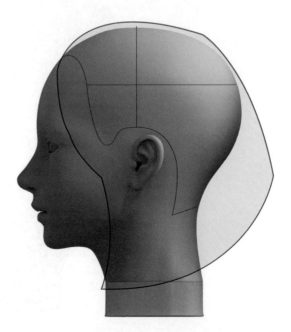

■ 顶部检查修剪后的状态

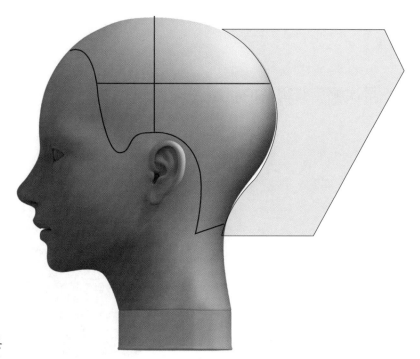

将表面的头发剪出高层次或者检查修剪出高层次的线条。修剪重量区上部，带出一点点圆形的感觉。

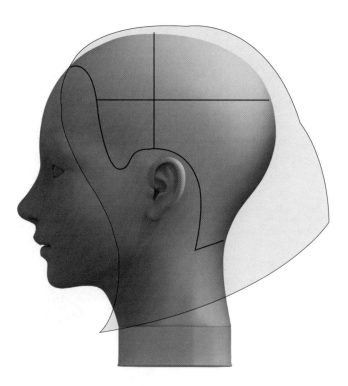

■ 去角修剪后的状态

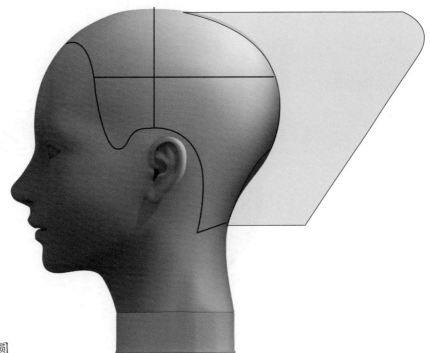

重量区部分更加有圆
形的感觉，整体形状
变得更加流畅。

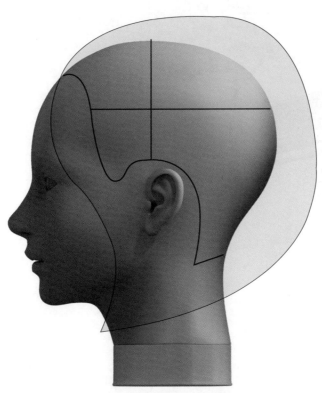

根据下列修剪的例子，看一下使形状变得流畅的修剪顺序吧。

检查修剪上方的头发，扩大段差的幅度

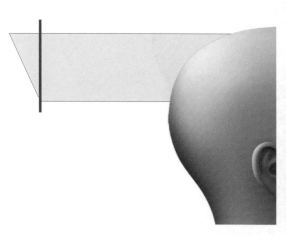

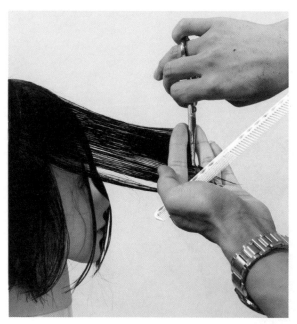

基础修剪后，将头上黄金点上方的头发引出。此时，表面的头发采用低层次修剪，具有较长的切口，此处可进行均等层次和高层次的检查修剪，这样发片上端的头发会变短，更有层次感。

上下结合的检查修剪

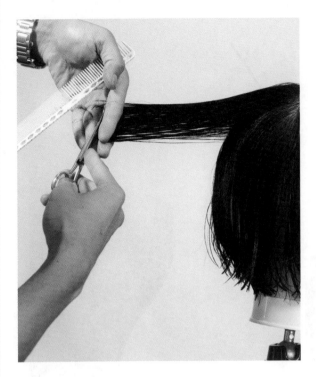

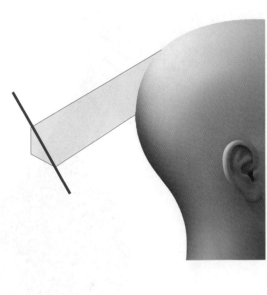

将头部的黄金点上方和下方的头发合起来引出，其角度小于步骤1的角度。在切口处会形成一个角，将这个角用平滑的线条剪掉。图示中为了表示清楚，描绘成了相当大的切口幅度，实际上是以厘米为单位进行修剪的。

必要的话，再增加上方的段差

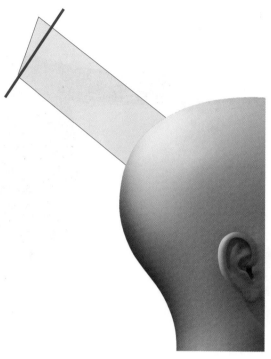

将黄金点上方的头发向后上方引出，以发片的下端为向导，从均等层次或者接近的角度进行修剪。

用熟练的手法检查修剪

下面解说各种造型中检查修剪的方法。

采用这些方法,能给设计增加品质感。即使头发变长了,也不会破坏造型。请大家活用这些方法。

脸部周围的检查修剪

对于脸部周围的头发来说,不同的厚度会对肌肤的颜色产生影响。

  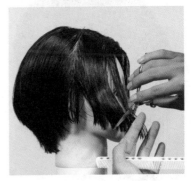

使前面的头发呈C型向内卷曲。对于表面的头发,从下侧入剪,自发梢向发根细细地修剪。因为脸部周围的线条变薄了,与肌肤的协调感也就立刻显现出来了。

轮廓线的检查修剪

头发特别直的时候，头发的摆动会在不知不觉中使下方轮廓线的内侧有头发露出来。进行轮廓线的检查就是为了防止内侧头发露出，影响整体发型。

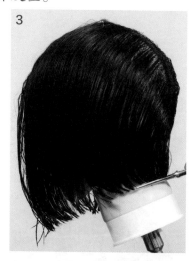

步骤1～步骤3.头部向前倾，脖颈处做成向前的C型，内侧的头发向外露出，剪掉从轮廓线中出来的部分。

头部前倾进行检查

步骤4～步骤6.在两侧区域，从前到后将发片发梢夹在手指之间，使其向上弯曲，令内侧的头发露出来，进行检查修剪。

基本的 C 型检查

将下发轮廓线梳理成C型的话，从内侧会有头发露出来。在这种状态下，剪掉从轮廓线中露出的部分。

耳朵周围的检查修剪

这是短发造型中使用的检查修剪方法，从耳朵前和耳朵后两个方向进行的情况比较多。

耳朵后面的检查

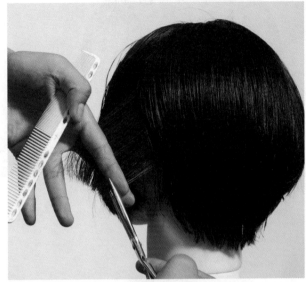

将耳朵后面的头发做成向前的C型，使里面的发梢露出表面，将角剪掉。再将超出轮廓线的头发剪掉，并进行线条整理。

耳朵前面的检查

将耳朵前面的头发做成向后的C型，使里面的头发露出来，从下侧入剪，自发梢向发根细细地修剪。

分区线的检查修剪

修剪侧面区域的时候，发量多的左侧头发要比发量少的右侧头发长一些。长发一侧要做到，即使被梳理到相反侧，也不会与相反侧的头发产生落差。因此，分区线部位要进行检查修剪。

发量多侧的头发比发量少侧的长。为了使头发在动起来的时候也没有问题，分区线部位的长度要统一。

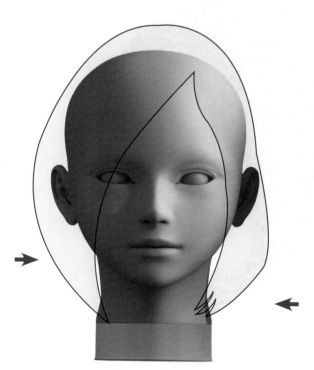

将头发从上到下进行修剪时，要注意形状的变化。发量多侧的重量区位置，应注意不要太高。

步骤1~步骤3.要在发量多的那一侧平行于分区线划分发片，取出头发，然后将发片梳向发量少的那一侧，与发量少的那一侧长度吻合后再修剪。

步骤4~步骤6.发量少的那一侧，也是用同样的方法进行检查修剪，这样分区线两侧的发片就能保持长度均等了。

成熟女性的主打发型1

纵向划分发片的波波头

正面看的话,虽然是波波头,头部后面的部分突然上升,有种酷酷的感觉,是波波头和短发的优点相结合的造型。与横向划分发片的波波头相比,更显得有成熟女人魅力。建议50岁左右的顾客采用这种修剪方法。下方轮廓线厚一些的话,虽然有些厚重,但是对于想在脸部周围留有头发的人、不想让别人看到侧脸的人、想要有动感波波头的人来说,都比较适合。要是后侧轮廓线只到脖颈后面的发际线的话,就会变成偏狼头的发型设计。

实例 1

重量区位置较低的造型

重量区位置略高的造型

实例 3

重量区位置较高的造型

成熟女性之纵向划分发片的波波头分析

波波头中有纵长感的造型

为了抓住纵向划分发片的波波头的特征，将头发长度达到下颚附近的波波头划分为三类进行比较。

从正面来看。虽然这三类都是在前面留有一定长度的设计，但是纵向划分发片的波波头是最接近菱形的。

从横向来看，很明显氛围完全不同。侧面层

次波波头和横向波波头属于优雅系，纵向波波头给人比较酷帅的印象。

对于优雅系来说，第二类，即横向划分发片的波波头接近正方形，纵向划分发片的波波头则是纵向较长的形状。这个段差变大的层次幅度，才是纵向划分发片的根本修剪技术。

纵向划分发片的波波头

横向划分发片的波波头

侧面层次的波波头

按重量区的位置分为较低、略高、较高三种造型

　　从下一页开始，将介绍重量区高度不同的三种类型的纵向划分发片的波波头。从后面纵向划分发片引出一组头发的修剪方法都是一样的，但是重量区的位置越高，引出发片时的提升角度也越高，而后在不同的提升角度上再进行修剪。

实例 1

重量区位置较低的造型

顶部头发较长，下方轮廓线的段差幅度狭小。纵向划分发片，引出45度角再修剪。

实例 2

重量区位置略高的造型

  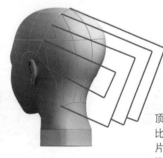

顶部头发与实例1相比略短。纵向划分发片，引出60度角再修剪。

实例 3

重量区位置较高的造型

  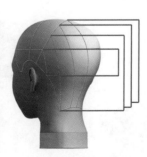

顶部头发与下方轮廓线处的头发长度几乎没有差别。与地板平行角度将纵向划分的发片引出修剪。

实例 1

纵向划分发片的波波头

重量区位置较低的造型

前面不要做成包形，将前面的头发留长一些，给人优雅的印象。纵向划分发片，做出层次幅度。因为做出了很好的重量区，即使是特别少见且不容易修剪的头型，也会被修饰得很好。

正面　　　　　　　　半侧面　　　　　　　　侧面

---- **小贴士** ----

一般来讲，接近内短外长的齐发低层次造型，不建议中年女性使用，因为脸部的轮廓和眼尾、两颊皮肤已经有下垂的态势。要想看起来年轻，就要提高重量区的位置。让人一眼看上去，将视线重点提升到高处才是正确的。

● 后面的基础修剪

从后面的中心线开始纵向划分发片，取出头发，提拉45度角引出，剪出低层次的线条。

2

直到该区域的外侧，将头发全部平行于中心线引出，用同样的方法修剪。

3

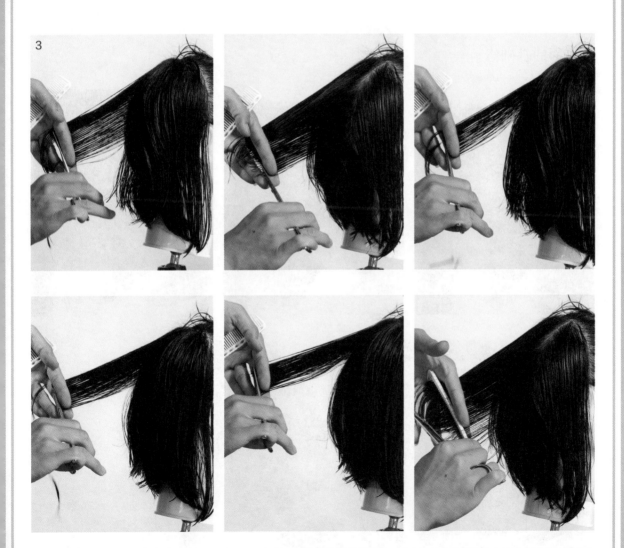

对于其他的区域也是一样，纵向划分发片引出，平行于最初的修剪线进行修剪。使全部的发片平行地向正后方引出，不要呈放射状。

后面的头发用低层次修剪。因为全部朝正后方引出修剪，所以修剪后形成中心部分短、耳朵后侧长的形状，并且形成自后向前下降的线条。

● 侧面的基础修剪

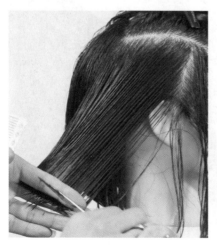

将前面的头发分成左右两部分，从发量少的那一侧开始修剪。将这部分分为上下两部分，先将下半部分纵向划分发片，向后方引出，以后面的头发长度为准进行修剪。

修剪至前面位置，45度角向后引出头发，进行层次幅度修剪。

对下半部分也用同样的方法进行修剪。

8

发量少侧修剪完毕。因为是向后引出修剪，所以能够做出从后往前下降的线条。

9

相反侧也是纵向划分发片，向后引出修剪。特别要注意的是，不要使发量多侧前面的头发修剪后变短。

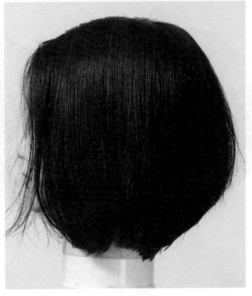

发量多侧修剪完毕的状态。留有重量区感，层次幅度的基础就做好了。

● 修整形状

从头部的黄金点开始，在上方纵向划分发片，取出头发，然后平行于地板向后引出。与之前的切口相比，此时进行高层次的修剪，注意保留发片下端的长度。

到目前为止，进行高层次的修剪。发片的高度与地板平行，全部向正后方引出，不要呈放射状。

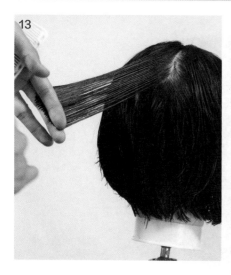

在黄金点上方和下方合并取出纵向划分发片的头发，倾斜60度角引出。将高层次和低层次之间的角剪掉。

从后面到前面，以同样的高度向后引出纵向发片，修剪掉高层次和低层次之间的角。相反的一侧也同样地修剪。

表面稍微做出圆形。再次在黄金点上方划分纵向发片，取出头发，向后上方引出，修剪出更加接近高层次的线条。

使用纵向划分发片的方法，同样地在黄金点上方的区域修剪到前面部分。

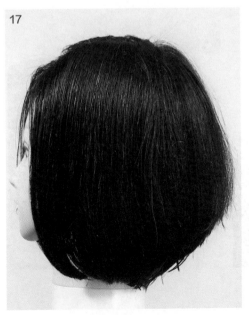

修整形状完毕的状态。重量区部分的形状变成圆形了。

● 前面的修剪

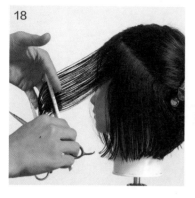

与额头发际线平行地划分发片，取出头发，向前方引出，修剪到下颚下面的位置。把两侧鬓角之间、发际线附近的头发全部梳向前方，修剪到下颚下面的位置。

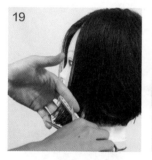

将头发前侧梳成向前的C型，使内侧的头发露出表面。让头发自然下垂，从下侧入剪，从发梢向发根细细地精修，修剪出重量区的重量感。

● 分区线的检查修剪　　● 量感和质感调整

将发量多侧的头发以自然垂落的状态与发量少侧的头发合拢后再修剪。将两侧鬓角之间、发际线附近的头发向前引出修剪后，再精修内侧的头发。

进行分区线上的检查修剪，使发量多侧的头发和发量少侧的表面长度一致。

纵向划分发片，取出头发。从下向上，进行低层次的线条修剪。

23

为了使发梢具有向前流动的效果，在靠近后侧轮廓线的地方从后往前进行修剪。

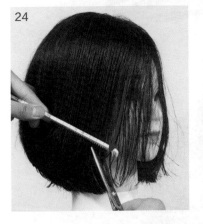

24

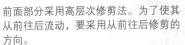

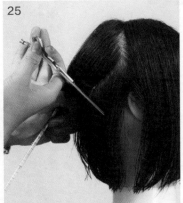

25

前面部分采用高层次修剪法。为了使其从前往后流动，要采用从前往后修剪的方向。

耳朵后面容易积留重量区，用牙剪进行修剪，以减少发量。

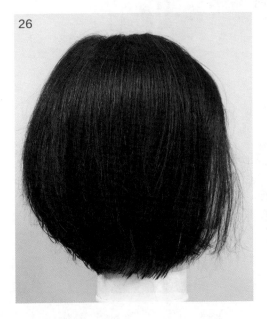

26

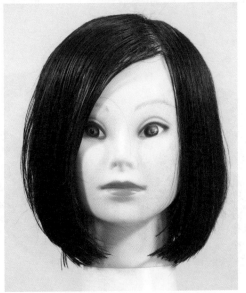

吹风前的头发修剪完毕。

● 吹干后的修剪

脖颈处的发际线，用牙剪修剪出柔和的样子。

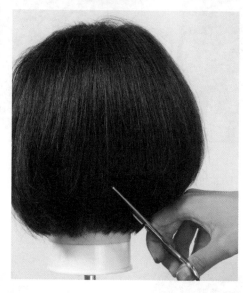

重量区处，用牙剪温柔地修剪。

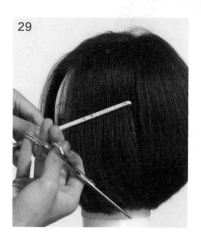

在侧面从前向后梳拢头发，让头发自然下垂，从下面入剪。以此为要领，从发梢向发根细细地、轻轻地用牙剪修剪。

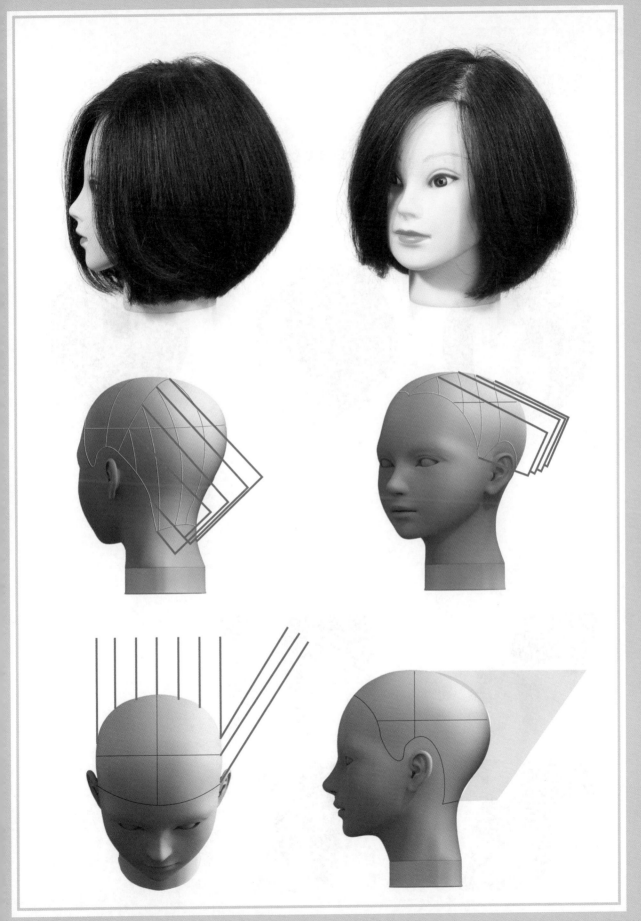

实例 2

纵向划分发片的波波头

重量区位置略高的造型

将模特的头发纵向、平行地引出的修剪方法与实例 1 是相同的。但是，该造型的段差面积大，下方轮廓线的灵动性很容易显现出来。

正面

半侧面

侧面

----- 小贴士 -----

与实例 1 中利落的造型相比，该造型推荐给喜欢头发有动感效果的人。这也是经常与烫发相结合的造型。

● 后面的基础修剪

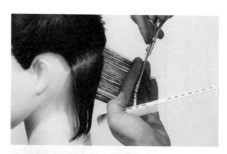

1

首先，将重量区设定在效果图所示的位置并横向分区。从分区线下方的中心开始取出纵向划分的发片，向后引出60度修剪。

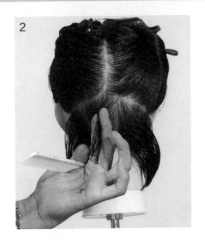

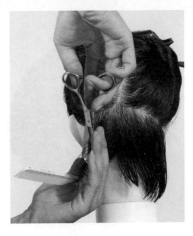

从后向前取出纵向划分的发片，用同样的方法修剪，全都以平行于中心发片的方向引出，不要呈放射状地引出。

分区线上方部分也是纵向划分发片，向正后方引出修剪，从后向前取出发片并采用同样的方法修剪。

4

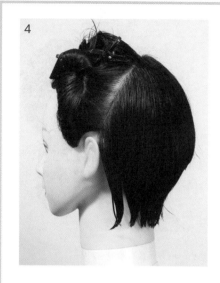 

后面要修剪出层次幅度。将头发全部向正后方引出进行修剪。为了使其形成中间短、耳朵后面长的状态，要全部平行地引出发片。

● 侧面的基础修剪

5

 ➡  ➡

 ➡

取出侧面纵向划分发片的头发，向后方引出，以后面的头发长度为导向进行修剪。与实例1相比，向后方引出的角度要小，不是引向正后方，而是斜后方。

自后向前修剪到前面的位置，将全部平行向斜后方引出的头发修剪出层次幅度。

相反侧也是纵向划分发片，向斜后方引出头发进行修剪。

特别要注意的是，发量多侧的前面的头发不要变短，向后方引出的时候要下意识地留有一定的长度。

9

在此进行检查修剪。将头发梳成向后的C型，将从切口的线条中露出的内侧头发剪掉。

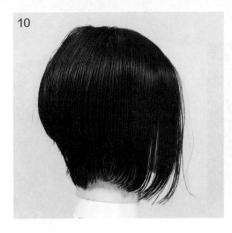

在此进行检查修剪。将头发梳成向后的C型，将从切口的线条中露出的内侧头发剪掉。

● 修整形状

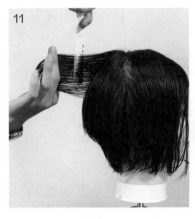

从头部的黄金点开始向上纵向划分发片，取出头发，再将头发平行于地板引出。

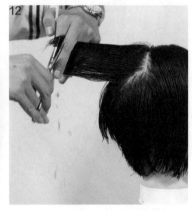

自后向前将黄金点上方同样高度的纵向发片依次向后引出，进行高层次的修剪。

相反侧也同样地进行修剪。因为这一侧是发量少的一侧，所以不需要像发量多侧那样把头发向后梳之后再修剪。

将黄金点上方和下方的头发合并,向后引出70度角,进行高层次的修剪,并环绕头部一周进行同样的修剪。

在表面稍微做出圆形的感觉。再次在黄金点上方划分发片,取出头发,向后上方引出。

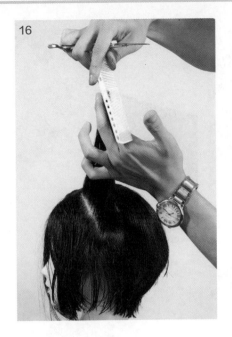

修剪成更加接近高层次的线
条，环绕头部一周进行修剪。

● 前面的修剪

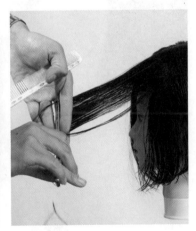

与额头发际线平行地划分发片，取出头发，引向前方，用高层次的修剪方法修剪到嘴角的位置。

虽然与实例1是在相同的位置进行修剪，但是这个造型的前面更加轻薄。因此，从第2个发片开始，先向上提拉再修剪。额头
发际线附近的头发都要按照同样的方式进行修剪。

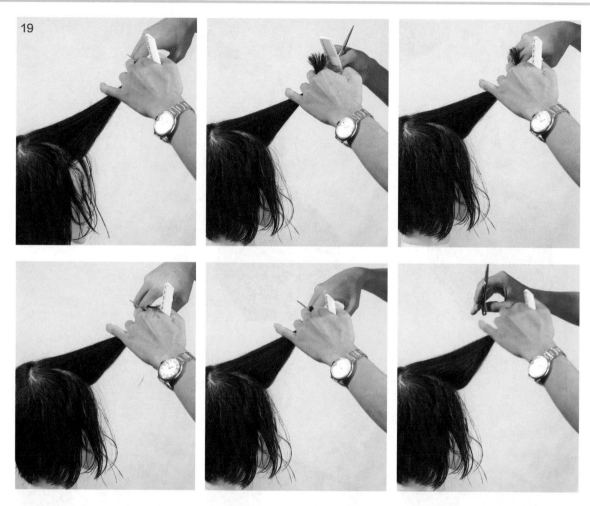

将发量多侧的第1个发片的头发以落下的状态与发量少侧相衔接，并在衔接的位置开始进行修剪。从第2个发片开始，先向上提拉再修剪。

将头发梳成向前的C型，让内侧的头发露出表面，使头发自然下垂。从下侧入剪，从发梢向发根细细地修剪，留出脸部周围的重量区。相反侧也进行同样的修剪。

● 分区线的检查修剪

进行分区线上的检查修剪，使发量多的一侧和发量少的一侧表面的头发长度一致。

● 发量和质感调整

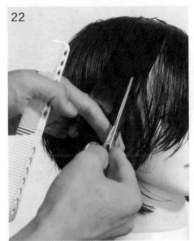 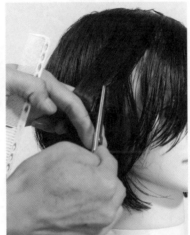 

沿着头发线动的方向进行修剪。前面从前往后修剪，侧后方的发梢则是从后往前修剪。

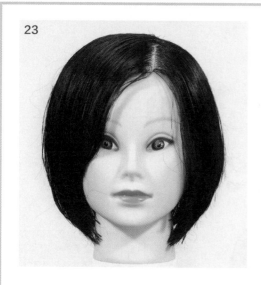

23

吹风前的头发修剪完毕。

● 吹干后的修剪

24

在前面，用牙剪沿着高层次的线条进行修剪。沿着切口线条修剪的话，不会扰乱质感。注重重量区的部分，纵向取出一束头发再修剪是要点。为了使发梢的头发具有流畅的动感，用牙剪从后往前进行修剪。

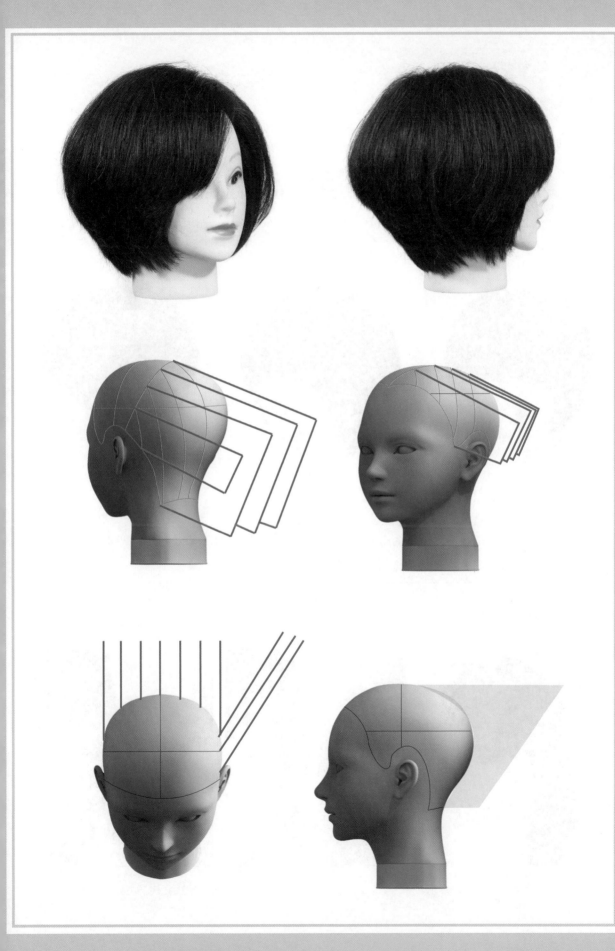

实例 3

纵向划分发片的波波头

重量区位置较高的造型

　　将模特的头发纵向、平行地引出的修剪方法与实例 1 是相同的。但是，该造型的段差面积大，下方轮廓线的灵动性很容易显现出来。

正面　　　　　　　　　　　　　半侧面　　　　　　　　　　　　　侧面

---- 小贴士 ----

　　与实例 1 中利落的造型相比，该造型推荐给喜欢头发有动感效果的人。这也是经常与烫发相结合的造型。

● 后面的基础修剪

首先，在后下方的中心处将头发纵向划分发片，取出，并平行于地板向后引出。确定重量区的位置和头发长度，修剪出垂直的线条。

引出与步骤1平行的发片，自右向左修剪至最外侧。相反侧也同样地进行修剪。

后上方的头发也同样地修剪。发片要全部平行地向正后方引出后再修剪，自后向前到双耳后侧，都用同样的方法修剪。

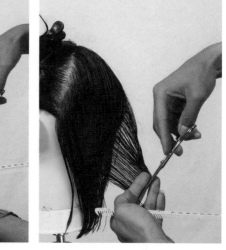

后面的修剪结束后，保持这样不变。下一步要使脖颈处的头发变得稍微有些层次感。

在脖颈处，纵向划分发片，取出头发，成60度角向正后方引出。因为脖颈处成为高层次的切口，所以在上方低层次的切口处检查修剪，剪掉高层次和低层次之间的角。

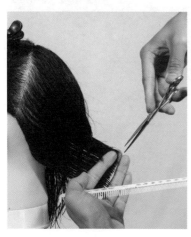

脖颈处修剪完毕，发型的基本形状就确定了。

● 侧面的基础修剪

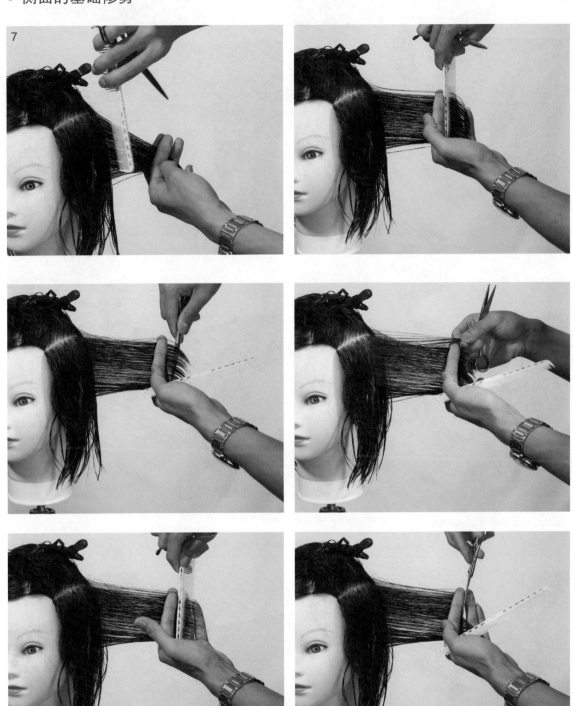

7

侧面也是纵向划分发片，与地板平行引出头发，修剪出垂直的线条。不要像实例1、实例2那样大幅度地向后方引出，偏移角度要比实例2更小一些。

到顶部为止，向上提拉至与地板平行，稍微向后引出，然后进行修剪。

相反侧也同样地进行修剪。

这样，发型的基础形状就完成了。如果保持这样不变的话，会没有流畅感。因此，从这里开始进行形状的整理。

● 修整形状

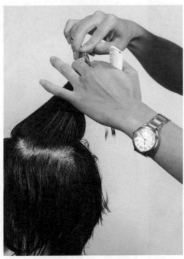

首先进行分区线上的检查修剪。将分区线两侧的头发划分发片取出，向上方引出，修剪掉并后产生的角。从发旋的上方开始到额头部分进行检查修剪。带点儿将发片向后引的感觉。

表面要做成圆形。将头部黄金点上方的头发向后上方引出，在切口处会呈现出一个角，使用接近均等层次的修剪线条剪掉这个角。在黄金点上方环绕头部一周，用同样的方法进行修剪。

在黄金点上方和下方纵向划分发片，取出头发，合并引向后上方，将角剪掉。再向下至耳朵上方逐步将头发引出。因为还会有角，所以也一样地剪掉。

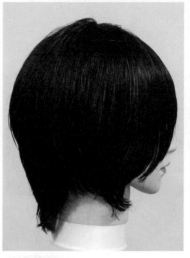

14

检查修剪完毕的状态。黄金点上下的角消失了，圆形就出来了。

● 前面的基础修剪

15

与额头发际线平行地取出发片，向前方引出。将刘海和脸周的头发修剪出高层次，要从发量少侧开始。

将里面的头发向前梳，平行于地板向前引出后，再提升15度进行修剪。

将前面的头发梳成向前的C型，使内侧的头发露出来，保持头发自然下垂。从下侧入剪，从发梢向发根细细地深入修剪，做出轻薄的感觉。

发量多侧也和发量少侧进行一样的修剪。刘海不要跟发量少侧相衔接，要保留一定长度。

● 发量和质感调整

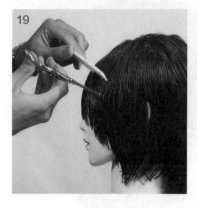

前面的发梢用牙剪剪出轻薄的感觉。

注意重量区的地方，要将牙剪深入里面进行修剪，以减轻发量，且避免碰到表面的头发。

吹风前的头发修剪完毕。

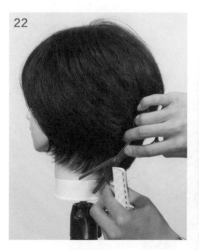

脖颈处用牙剪修剪完后，为了展示出更加轻薄的感觉，要将头发梳成一束拿起，然后从发根开始，每隔1~2厘米进行一次修剪。

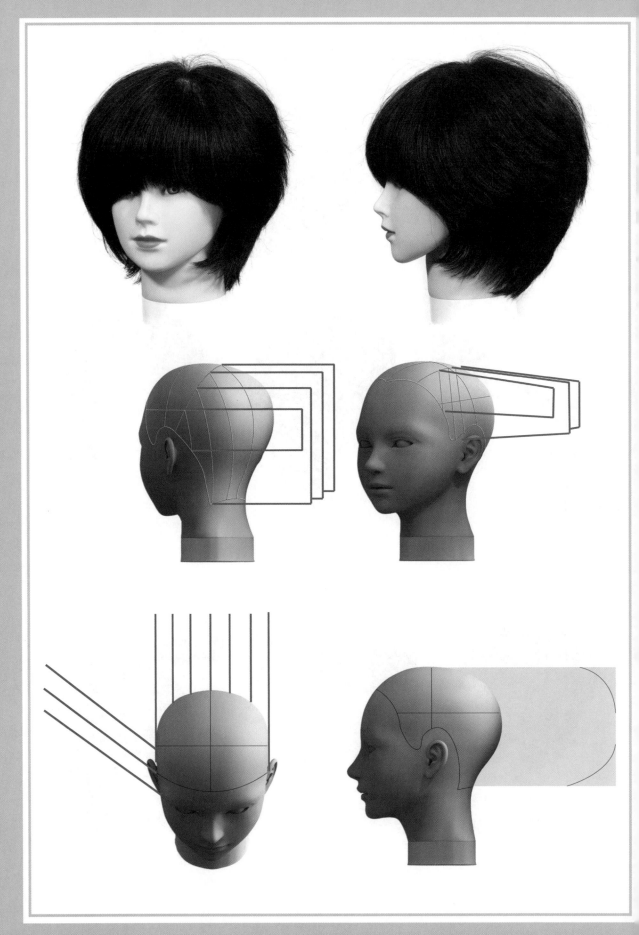

成熟女性的主打发型2

横向划分发片的波波头

横向划分发片修剪的波波头与纵向划分发片修剪的波波头相比，要显得年轻一些。所以，相对于50岁左右的顾客，40岁左右的顾客更应该采用横向划分发片的波波头。为了有重量区的特点不再给人较为年幼的印象，就要做出面向成熟女性的干练、流畅的形状。这是很有必要的。

实例 1

后面加大层次幅度的波波头

用高层次塑造动感的波波头

强调刘海的波波头

成熟女性之横向划分发片的波波头分析

如何修剪齐发的波波头发型,使其更适合成熟女性?

横向划分发片的波波头原型就是齐发波波头发型。齐发波波头发型变化一下后,就转换成了其他的造型,本书将在此介绍以下三种造型。

实例 1

在齐发波波头发型的后面加大层次幅度

 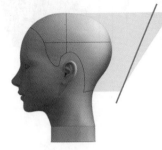 

只在后面加大层次幅度,使形状变紧凑的设计。在重量区位于低处的齐发造型基础上,将后面稍微提高一些,会给人轻快的感觉。

实例 2

为齐发波波头发型加入蓬松的动感

 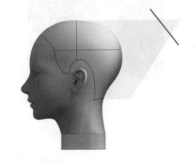

将面与线结合,是一种为本来不具有动感的齐发发型加入动感的设计,也是最具现代感的设计。将头发修剪成齐发发型后,再将表面的头发修剪出段差就完成了。

实例 3

将头顶的头发梳向前额并剪成刘海

 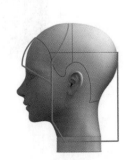

实例1和实例2中都在前面保留了较长的侧发,无论哪个都给人熟女的印象。剪出刘海的实例3造型会给人可爱的感觉。修剪操作的第一步就是将头顶的前面部分从后往前梳理并剪掉多余的长度,做出刘海。

对横向划分发片的波波头发型进行检查修剪的方法

横向划分发片的波波头,重量区位置是在低处的。保持那样不变的话,对于成熟女性来说,容易给人留下不时髦、呆板的印象。因此,要做出流畅的形状,提高干练程度。与不怎么具有动感的实例1、3不同,具有动感且蓬松的实例2,最后还要加上高层次修剪。

实例 1　　**实例 3**

层次幅度的角度缓和,黄金点上下都要进行检查修剪

  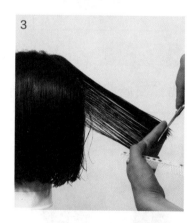

步骤1.将头部的黄金点上方的头发纵向划分发片,与地板平行地引出修剪,将低层次的线条以幅度较小的低层次线条进行检查修剪。

步骤2.接下来,以60度的倾斜角引出黄金点上方和下方的头发,进行修剪。

步骤3.再以45度的倾斜角引出头发,角度一边下降,一边剪掉切口处露出来的角。

步骤4~步骤6.自后向前环绕头部一周,也同样地引出头发,进行检查修剪。

重量区部分做出圆形后，在表面加入高层次

步骤1.将头部的黄金点上方的头发纵向划分发片，与地板平行地引出修剪，将低层次的线条以幅度较小的低层次线条进行检查修剪。

步骤2.保持修剪方法不变，自后向前修剪到前额发际线为止。

步骤3.将头部黄金点下方的头发也合拢起来划分发片，取出头发，以60度的倾斜角引出，剪掉切口处露出来的角。

步骤4.自后向前到侧面和前面为止，都用同样的方法修剪。

步骤5~步骤6.再次将头部黄金点上方的头发划分发片取出，在后上方引出，以发片下端的长度为导向进行高层次修剪。

实例 1

横向划分发片的波波头

后面加大层次幅度的波波头

将长的刘海剪短是一种更显得有女人味儿的设计,在齐发发型的基础上,只在后面加大层次幅度,稍微做出像臀部那样上翘的感觉。

正面   半侧面   侧面

--- 小贴士 ---

如果在其他位置加入段差的话,就会破坏设计。因此,在进行修整形状的修剪时要注意。

● 后面的基础修剪

1

斜向划分发片,取出头发,向下梳好,剪成预定的长度。

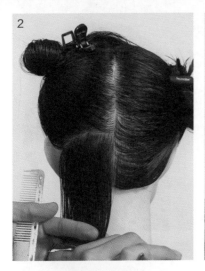

用斜向划分发片和向下梳的修剪方法，一直向上推进到黄金点处。接近侧面的部分，在自然落下的位置向下梳，然后修剪。

● 侧面的基础修剪

将侧面部分进行横向划分发片，其中一边与后面相衔接。将横向划分好的发片向下梳，然后修剪。

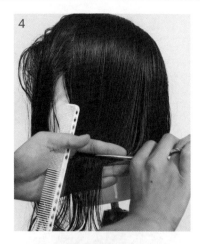

4

相反侧的后面和侧面，也是用同样的方法进行修剪。因为发量多侧的前面部分要留有一定的长度，所以不要将头发向脸部的内侧梳，而是要向外梳，然后再修剪。

● 轮廓线的检查修剪

5

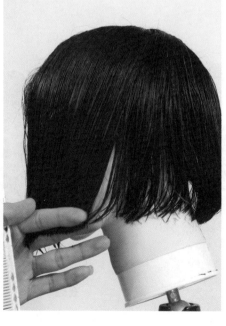

头部前倾，将头发梳成向后的C型，把从下方轮廓线的发梢中露出的部分减掉。

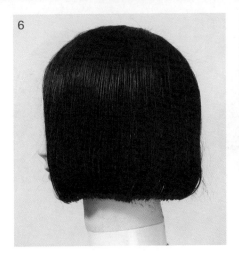

齐发发型修剪完毕。保持这样不变的话，会有些沉重的感觉，所以要在后面修剪出层次幅度。

● 后面加大层次幅度

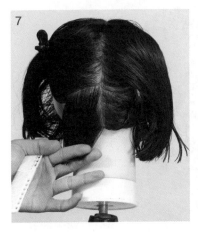
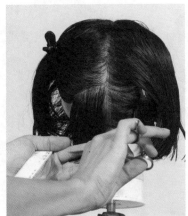

在后下方斜向划分发片，取出头发，将发片紧邻中心线的内侧一端提升45度，另一端则保持0度引出，形成斜向的提拉角度，以发片左端的长度为向导进行修剪。

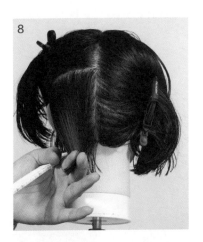

继续向上划分斜向发片，只将紧邻中心线的头发提升，然后进行修剪。

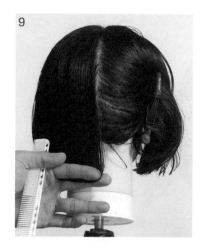  

用同样的方式推进修剪到黄金点，和侧面的头发要衔接上，并融合到一起。

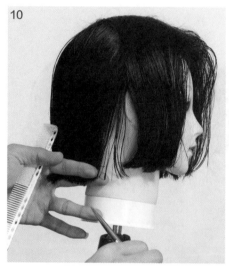 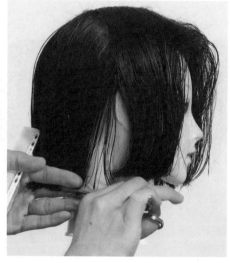

相反侧也一样，在后面的中心线处加入层次幅度。

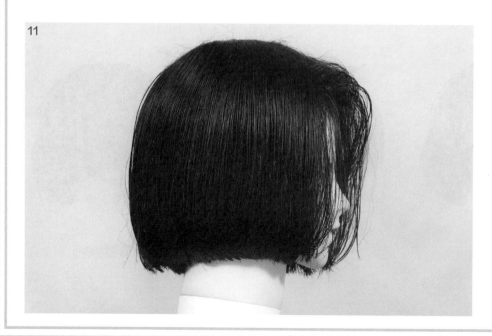

后面的层次幅度修剪完毕的状态。后面的重量区稍微往上提了一些，像臀部上翘一样。

● 修整形状

将头部黄金点上方的头发纵向划分发片，与地板平行地引出修剪，要修剪出能表现层次幅度的切口。

修剪出使表面变得更短的线条，发片下端的长度不要剪切掉。

接下来，以60度左右引出发片，将切口处的角剪掉。

然后与下面的头发合并，倾斜45度引出，进行检查修剪。将步骤12~步骤15沿着头部环绕一周进行修剪。

16

横向划分发片修剪的波波头，留有重量区的同时，重量区线也流畅地表现出来了。

17

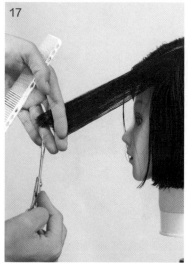
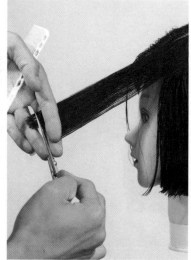

将脸部周围的头发梳向前方进行修剪。

18

19

对步骤17中修剪的脸部周围的头发再进行检查修剪。

发量多侧也同样地修剪脸部周围部分。因为前面部分通常是造型的要点，所以不要将前面剪得过短了。

● 分区线上的检查修剪

20

进行分区线上的检查修剪，发量多侧和发量少侧的表面长度要统一。

从后面发旋附近取出三角形的头发，将发片向上引出，将从剪切口处露出的头发剪掉。

● 发量和质感调整

在中心线处纵向引出一束头发，从里向外移动牙剪，精修出具有层次幅度的线条。

23

精修一下重量区线，使其变得柔和。

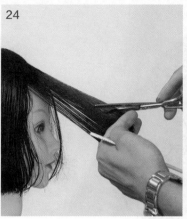

24

在前面部分用牙剪加入高层次的线条，做出柔和的感觉。

25

吹风前的头发修剪完毕。

● 吹干后的调整

26

在重量区线处有过重的部分时，用牙剪剪掉。

27

要是感觉前面的重量区过于显眼的话，用牙剪打薄。

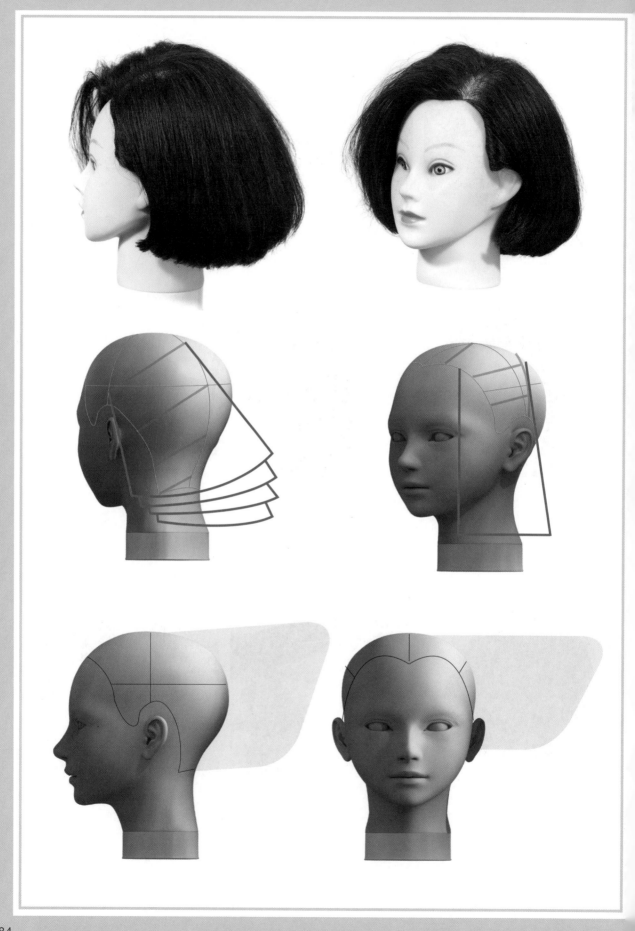

实例2

横向划分发片的波波头

用高层次塑造动感的波波头

将长的刘海剪短是一种更显得有女人味儿的设计。在齐发发型的基础上，只在后面加大层次幅度，稍微做出像臀部那样上翘的感觉。

正面　　　　　　　　　　半侧面　　　　　　　　　　侧面

小贴士

如果在其他位置加入段差的话，就会破坏设计。因此，在进行修整形状的修剪时要注意。

● 后面的基础修剪

斜向划分发片，取出头发，向下梳好，剪成预定的长度。

2

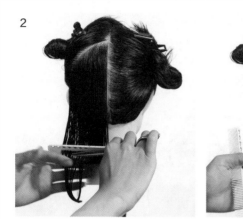

用斜向划分发片和向下梳的修剪方法，一直向上推进到黄金点处。接近侧面的部分，在自然落下的位置向下梳，然后修剪。

3

将侧面部分进行横向划分发片，其中一边与后面相衔接。将横向划分好的发片向下梳，然后修剪。

4

左侧发型修剪完毕。

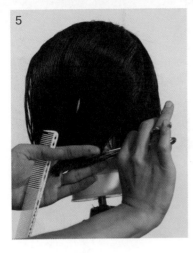
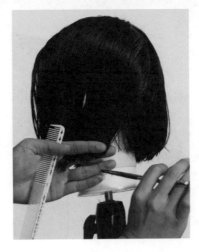

相反侧的后面和侧面，也是用同样的方法进行修剪。因为发量多侧的前面部分要留有一定的长度，所以不要将头发向脸部的内侧梳，而是要向外梳，然后再修剪。

● **左侧面的基础修剪**

将头部黄金点上方的头发纵向划分发片，与地板平行地引出修剪。发片的上下长度有差别，成为齐发发型的剪切口。

发片下端的长度不变，使上端变短。使用低层次的线条进行检查修剪，不要再修剪高层次的线条。

从后面到前面都是引出发片后，用缓和的角度修剪层次幅度。

相反侧也是一样，环绕头部一周进行修剪。

从步骤7~步骤9修剪的头发下面开始取发片，纵向划分发片，倾斜60度引出。按照检查修剪的要领，剪掉切口处的角。

11

然后与下面的头发合并，倾斜45度引出，进行检查修剪。

12

从后面发旋附近取出三角形的头发，将发片向上引出，将从剪切口处露出的头发剪掉。

进行分区线上的检查修剪，
发量多侧和发量少侧的表面
长度要统一。

相反侧也一样，从后
面到前面，进行头部
黄金点上环绕一周的
的均等层次的修剪。

发型的形状变圆了。

● 右侧面的基础修剪

将头发平行于额头发际线划分发片并取出，引向前方，进行高层次修剪。

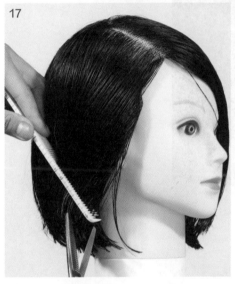
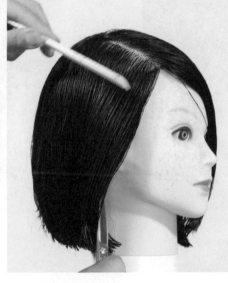

将侧面头发梳成向前的C型，让内侧的头发露出并自然下垂。从下侧入剪，从发梢向发根细细地修剪。重量区变轻薄了，并且很好地与脸型融合。

精修一下重量区线，使其变得柔和。

● 发量和质感调整

在前面部分用牙剪加入高层次的线条，做出柔和的感觉。

纵向取出一束头发，一边拿着向上提拉，一边用牙剪修剪出低层次的线条。自后向前进行同样的精修剪，这种精修剪的方法会使下方轮廓线处的头发比较容易收起、向内扣。

21

一边向下一步步地划分纵向发片，一边进行精修剪。将步骤20和步骤21的精修剪环绕头部一周进行。

22

吹风前头发的修剪完成。与实例1和实例3相比，变成轻薄的状态了。

● 吹干后的修剪

从脖颈处的重量区线开始到耳朵两侧的重量区线，都要用牙剪精修剪一下。

前面经过精修剪后，会变得柔和。

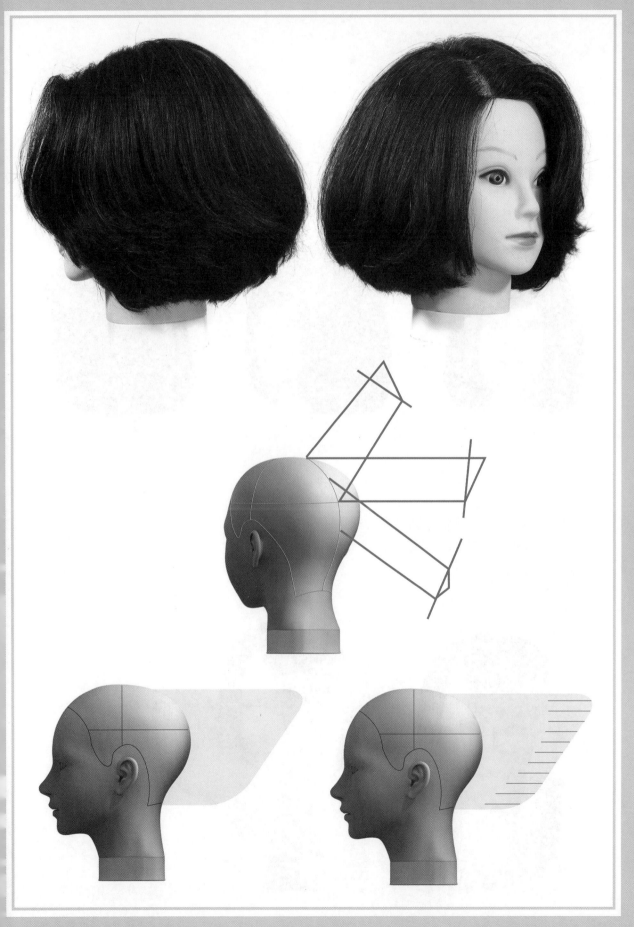

实例 3

横向划分发片的波波头

强调刘海的波波头

面向追求可爱的齐发波波头发型的人，设计了前面留有刘海的造型。

正面

半侧面

侧面

---- 小贴士 ----

基础修剪完后加入段差，使形状变成圆形，是一种使重量区灵动起来的设计。但是注意，不要加入像实例 2 那样幅度较宽的段差。

● 刘海的修剪

1

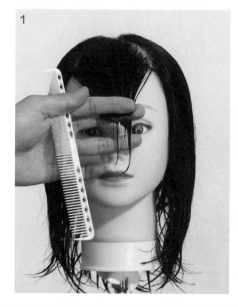

将侧面部分横向划分发片，一边与后面相衔接。将横向划分好的发片向下梳，然后修剪。

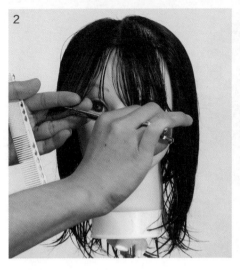

将刘海左右分开，梳成向内的C型，使内侧的头发露出表面，将从切口处露出的头发修剪掉。相反侧也是一样地进行检查修剪。

● 基础修剪

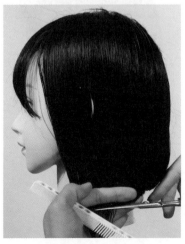

横向划分发片，取出头发，向下梳好。自后向前沿着水平的线条进行修剪。

修剪成这种齐发波波头的发型。

头部倒向一侧，将头发向前方梳成C型，将从切口处露出的内侧头发修剪掉。从后面到侧面、再到前面进行修剪。

● 修整形状

从顶部开始，将头部黄金点上方的头发纵向划分发片，平行于地板引出。保持发片下端的长度不变，同时将上端修剪成比现在要短的长度。

将头部黄金点上方的头发水平地引出修剪后，再进行黄金点下方的检查修剪。将头发以60度、45度角引出，修剪掉从切口处露出的部分。

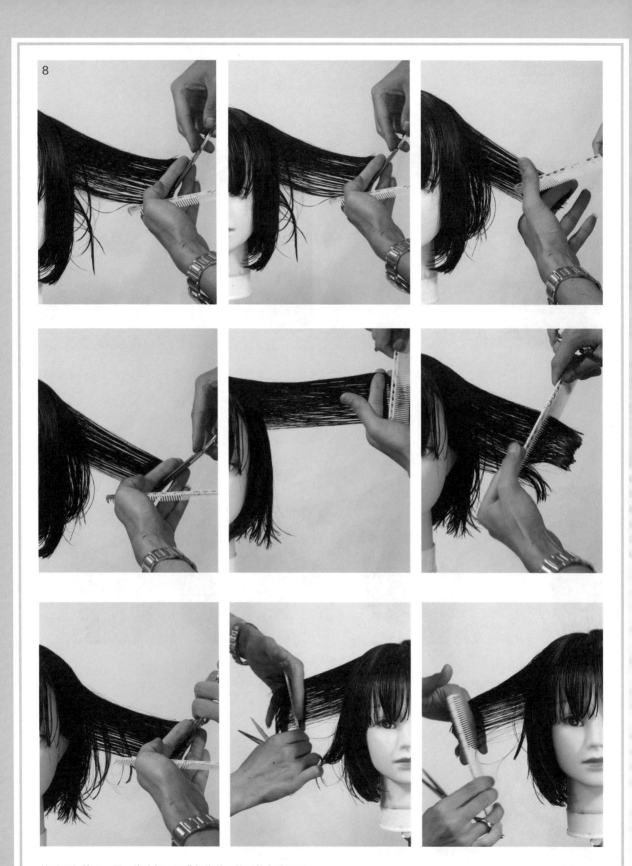

从后面向前面，再环绕头部一周进行修剪，使形状变成圆形。

9

在齐发波波头发型的基础上认真地加入段差，形成近似圆形的形状。

● 前面的修剪

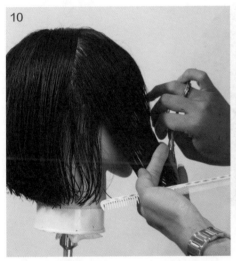

10

将前额的头发平行于额头发际线，纵向划分发片取出，再向前方引出，进行高层次修剪。

11

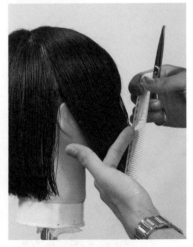

自上向下划分纵向发片，直至鬓角，都同样地向前引出修剪。

将内侧的头发进行精修剪，表现出轻薄的感觉。将侧面的头发梳成向前的C型，使内侧的头发露出表面，划分发片，进行精修剪。

头发从后往前呈现上升趋势，前面变得轻薄。

● 检查修剪

将头顶的中心分区线附近的头发合并，向上梳，进行检查修剪。

将发旋附近的头发沿着圆形的线条向上引出，修剪掉从切口处露出的部分。

● 发量和质感调整

纵向取出一束头发，一边拿着向上提拉，一边用牙剪修剪出低层次的线条。自后向前进行同样的精修剪，这种精修剪会使下方轮廓线的头发比较容易收起、向内扣。

从后面的两端开始到中心，使用牙剪进行精修剪。左右用同样的方法进行。做出圆形的轮廓线并进行这种精修剪，后面的头发无论流向哪个方向都很容易。

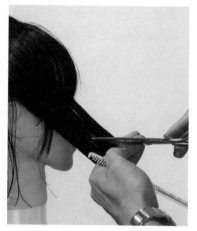

对前面的部分用高层次的线条进行细致的修剪。

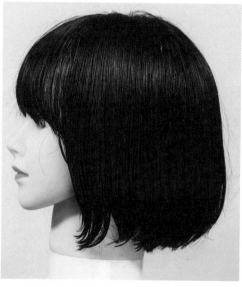

吹风前的头发修剪完毕。

● 吹干后的修剪

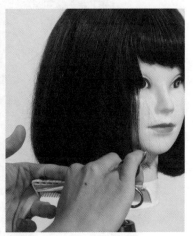

线条的检查。将侧面头发梳成向前的C型，修剪掉从切口处露出的内侧头发，按照从前到后的顺序进行修剪。

用牙剪修剪刘海，使线条变得柔和。后面和侧面也是使用牙剪进行修剪，使重量区线条变得柔和。

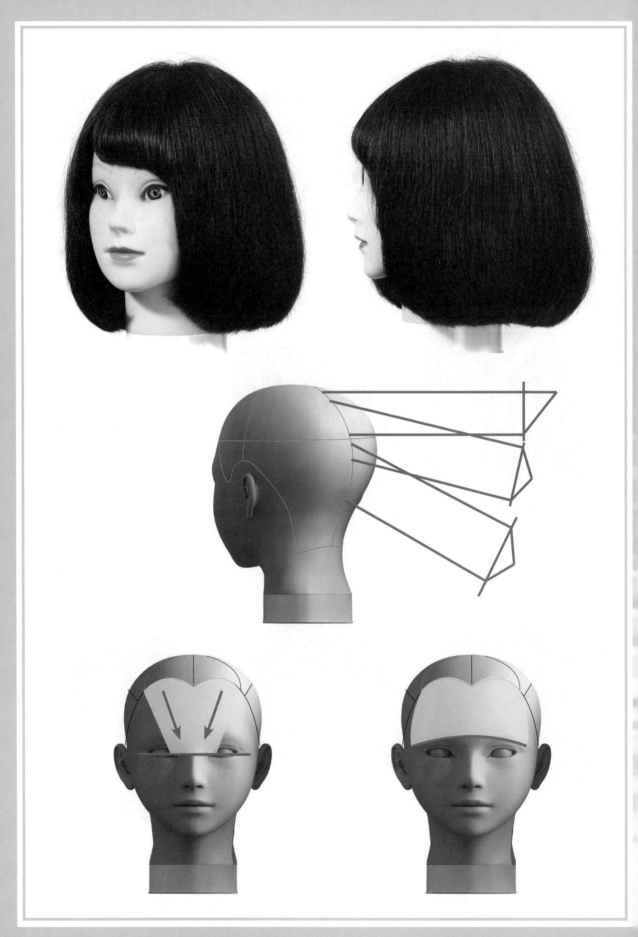

成熟女性的主打发型3

侧面层次波波头

古典侧面层次波波头的特点是下方轮廓线具有向后流动的设计。然而,即使当今时代有很多侧面头发向后流动、汇聚于后面的发型,但是这种古典的设计还是显得过于优雅了。因此,在这里对它做了一定的改变,除了常规造型、下颌长度的变化以外,还将介绍更短、更流行的造型和有刘海的可爱造型。

实例 1

前面加入高层次的波波头

实例 2

后面加入层次幅度的波波头

实例 3

短发蘑菇波波头

成熟女性之侧面层次波波头分析

向后流动的轮廓线是最大的特点

在侧面轮廓线中加入从后向前上升的层次幅度，做出向后流动的轮廓线是侧面层次波波头的要点。但是，如果层次幅度过于宽大的话，会给人老气的感觉。所以要尽量做出稍加控制的造型。

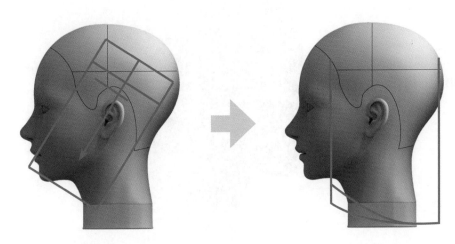

向前引出 30 度　　　　　　狭小的层次幅度

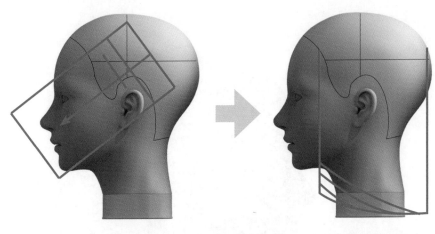

向前引出 70 度　　　　　　宽大的层次幅度

齐发波波头是将头发向下梳，再修剪。但是，侧面层次波波头是将头发向前引出，再修剪。这样修剪完之后，头发自然下垂时就会有段差，这就是侧面层次波波头的技法。向前方引出的角度越大，段差的幅度也越大；段差越大，侧面轮廓线的上升角度就越大，侧面的头发也越容易向后流动。

与其他的波波头不同, 不能修剪出圆形

　　侧面层次波波头的造型与纵向划分发片及横向划分发片修剪的波波头相比, 是四角形状明显的设计, 因此, 不能像其他的造型那样修剪出圆形。

修剪出圆形的波波头

上端变短, 重量区部分的形状变圆。

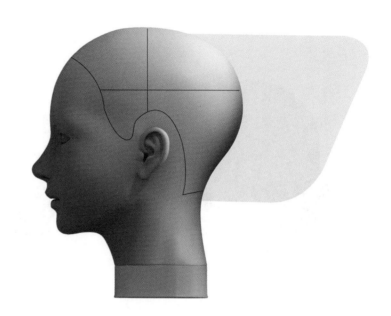

侧面层次波波头

切口的角要表现出来, 不需要过于圆滑。

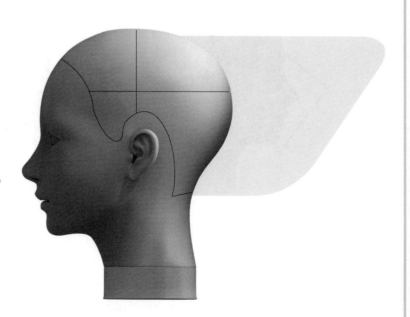

精修剪是为了使形状不坍塌

为了使轮廓线表现出来，也为了减轻重量区的发量，有必要进行精修剪。
无论为了哪个目的，都要注意进行精修剪时，不要破坏基础修剪形成的形状。

做出发线的精修剪

沿着基础修剪用牙剪进行精修剪。这个造型是用狭小的层次幅度塑造了侧面轮廓线的造型，因为前面加入了高层次，所以要进行与其相融合的精修剪。

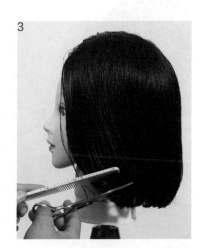

步骤1~步骤3.前面加入高层次的部分，自左上到右下进行精修剪。
步骤4~步骤6.沿着侧面轮廓线的层次幅度，从前向后进行精修剪。在基础修剪的基础上，强化容易向后流动的部分头发，使其更易向后流动。

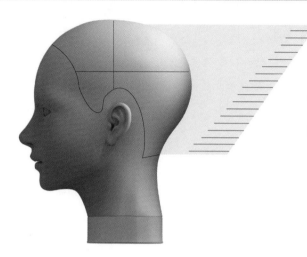

做出发线的精修剪

因为层次幅度是发型的基础，所以要对低层次的线条进行精修剪。

步骤1.纵向引出一束头发，在里面靠近发根的位置用牙剪修剪。
步骤2~步骤4.将这束头发逐渐向上移动，同时将牙剪逐渐向外移动，进行修剪。
步骤5.最后在发梢附近停止修剪。

实例 1

侧面层次波波头

前面加入高层次的波波头

将长的刘海在下颌附近形成向后流动的曲线。这是一款使头发带有向后收拢效果的发型，看上去十分成熟，并且具有一种诱惑力。

正面　　　　　　　　　　半侧面　　　　　　　　　　侧面

--- **小贴士** ---

进行修剪时，如果前面的发根带有向上弯曲效果的话，会给人老气的感觉，要尽量避免。

● 侧面的修剪

1

从后面到两侧，进行水平的齐发波波头发型的修剪。

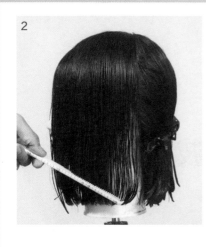 

用两耳后方与头顶的连线分隔后面和侧面。如图所示，沿着从后向前上升的线条修剪出层次幅度。

将侧面区域横向划分，取最下方划分出的发片，将发片梳成垂直状并修剪。虽然要将头发向前方引出，但不要使发片向外浮起，或带有上升的趋势。

逐步向上分取发片，到顶部为止都用相同的方法修剪，做出狭小的层次幅度。

需要修剪右侧相邻的头发时，使头部向前倾斜，在耳朵后面的发际线处平行取出一束发片，这束发片会与侧面头发之间在切口处产生角，需要剪掉。

● 后面的修剪

头部恢复竖直，将发片稍稍向前方引出，将与侧面相邻的后方头发修剪一下。向后方进行推进修剪的同时，修剪的线条在水平方向上要产生从后往前上升的变化。逐步向上分取发片，到顶部也是用同样的方法修剪。

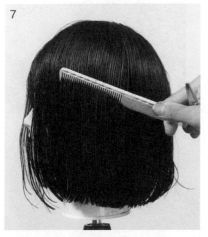

要是修剪层次幅度的基础的话，就要进行线条的检查。用梳子从中间伸入，向发梢梳理，将头发梳成向前的C型，剪掉从切口处露出的头发。环绕头部下方轮廓线一周，用同样的方法进行检查修剪。

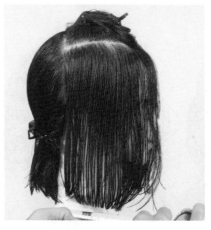

相反的发量多侧，也是采用同样的方法修剪出层次幅度。

因为发量多侧前面的头发要留有一定的长度，所以不要使其自然垂落到脸的正前方，而是以向侧面拉伸发片的状态进行修剪。

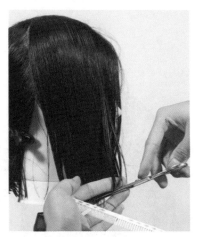

另一侧以及后面也采用同样的方法修剪。

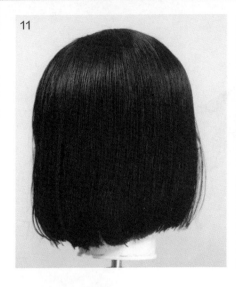

有了从后往前上升的线条和狭小的层次幅度，发型的基础就做好了。线条在后面是水平的变化，发量多侧前面的头发要长，因此这一侧从后往前上升的角度看起来要平缓一些。

● 前面的修剪

在前面的部分，将头发平行于额头的发际线划分发片并取出，平行于头皮向前引出，用高层次的线条在边缘处修剪。

继续在后方划分发片，向前引出，将发片修剪至步骤12所修剪的位置。

侧面的头发也逐步划分发片进行修剪，与上一步修剪的发片缓缓地连接上。

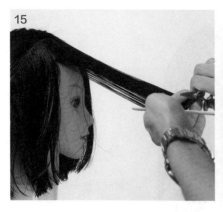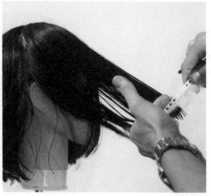

发量多侧的前面也同样地进行高层次修剪。

● 发量和质感调整

进行分区线上的检查修剪，将发量少侧的头发梳向相反侧进行修剪。

将发量多侧的头发也梳向相反侧进行修剪，分区线两侧的表面长度要一致。

检查发旋周围的头发。围绕着发旋取出圆形的发片，向后上方引出，将露出的角修剪掉。

将头发纵向划分发片取出，将剪刀纵向伸入，进行低层次线条的精修剪，并对全部头发进行同样的修剪。因为是在里面修剪层次幅度，所以要避免造成向内扣的结果。

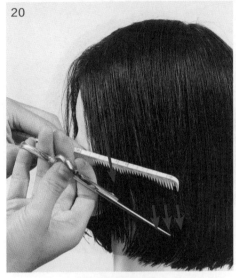

在重量区比较明显的部分，面向发梢用牙剪进行修剪。重量区线条会被晕染开，变得柔和。

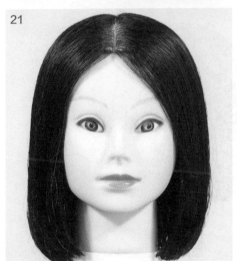

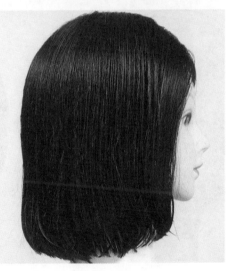

吹风前的头发修剪完毕。

● 吹干后的修剪

检查脖颈处。吹干后的头发容易漂浮，此时，脖颈处的角会露出，将其修剪掉。

如果想要更加有动感的造型，就用牙剪修剪发梢。

如果想使重量区线条更加柔和，从前面到侧面用牙剪修剪发梢。

如果觉得有比较厚重的地方，用手指抓起厚重的发束向后引出，从中间到发梢进行精修剪。

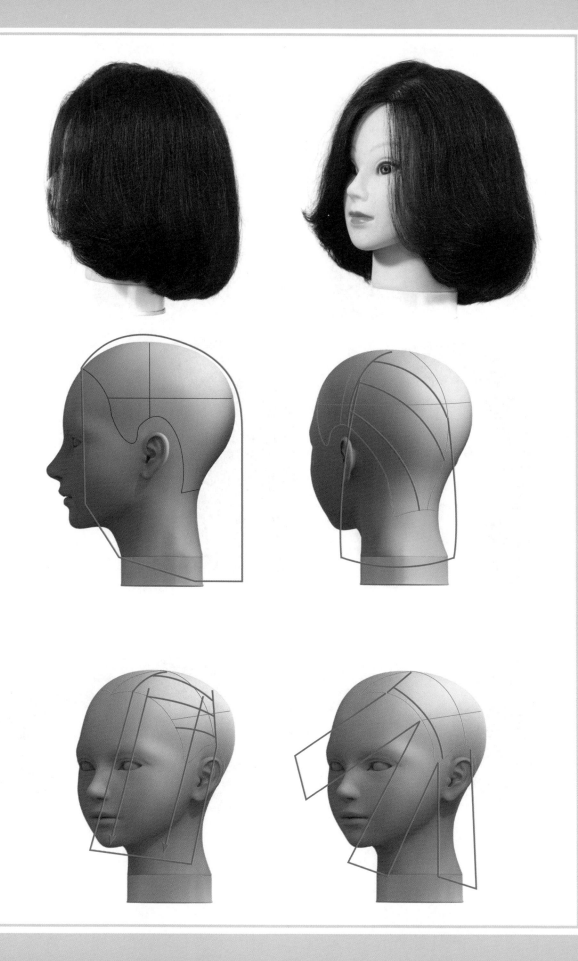

实例2

侧面层次波波头

后面加入层次幅度的波波头

不对称发型是20世纪80年代造型设计的一个风向标,也是受到有着自己的事业心和责任感的女性支持的一种造型。

正面

半侧面

侧面

---- 小贴士 ----

因为这款发型是一种略微蓬松且较紧致的设计,所以发量少的人也适合。

● 发量少侧的修剪

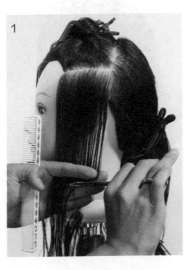

1

用两耳后方与头顶的连线分隔后面和侧面,在侧面区域横向划分发片,取出最下侧的发片,垂直于地面梳理发片,以与分发线平行的线条进行修剪。

2

以到嘴角的长度为基准，逐步向上分取发片。到顶部为止，用同样的方法修剪，在下方轮廓线处做出幅度狭小的段差。

3

将头发平行于耳朵后面的发际线划分发片并取出，以侧面头发的长度为参考，修剪后面的头发。

4

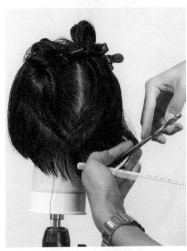

随着耳后头发向后修剪的推进，不要再向前方引出头发，而是要向下梳理。然后再将发片用手指夹住翻转，以水平的线条进行修剪。

5

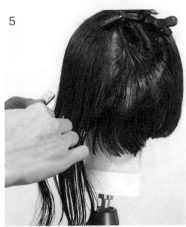

修剪至最后方，将发片几乎平行于地板引出再修剪。脖颈处的头发先翻转，然后再修剪，因此会留有一定的长度。

6

逐步修剪，到顶部为止，都是将头发翻转后，修剪至最初发片的高度。斜向将发片归拢到一起，以水平线进行修剪。

7

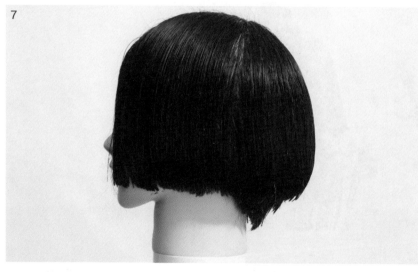

发量少侧修剪完毕。从前面到侧面是从后向前上升的线条，后面则是水平的线条。

● 发量多侧的修剪

8

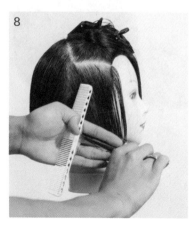

将发量多侧的头发修剪至下颌处。将头发横向划分发片并取出，稍微向前方梳后再修剪，在下方轮廓线处做成幅度狭小的段差。

为了保持发量多侧的头发前面的长度，不要使头发垂落到脸部正前方，而是向侧面梳理后再修剪。

发量多侧修剪完毕的状态。可以看到，发量少侧和发量多侧的头发长度发生了变化。

 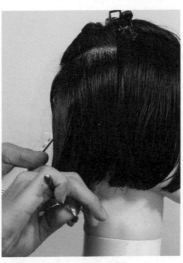 

发量多侧的后面，与发量少侧采用同样的修剪方式，手指夹住翻转后，在同样的高度上进行修剪。

发量多侧的后面修剪完毕的状态。发量少侧表现为稍微从后往前上升的线条，发量多侧则是因为前面头发长，形成从后往前下降的线条。

● 后面加入层次幅度

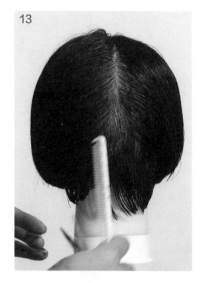
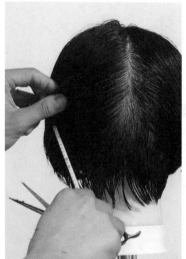
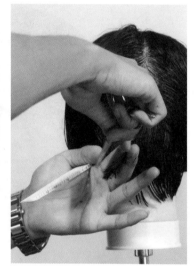

将头发从后面的中心处斜向划分发片取出，向中心侧提升45度角，再以与分发线相平行的线条修剪。分取发片至顶部，用同样的方法修剪出层次幅度。相反侧也用同样的方法修剪。

● 前面的修剪

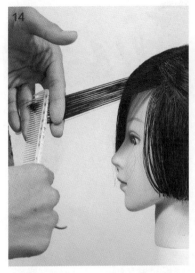

在发量少侧将与额头发际线平行的头发划分发片取出，引向前方，进行高层次修剪。采用同样的方法对前额和头顶区域的头发，全部在相同的位置进行修剪。

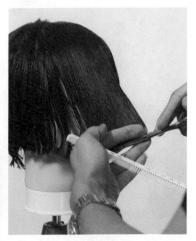

发量多侧前面的头发也进行同样的高层次修剪。

● 检查修剪

表面头发的检查修剪。将头部黄金点处的头发平行于地板引出，剪掉从夹住头发的指缝处露出的部分。将头顶区域的头发，全部斜向划分发片，向后平行于地板引出，进行检查修剪。

进行分区线上的检查修剪，使发量少侧和发量多侧的头发能衔接上。

● 发量和质感调整

将牙剪伸入到头发里面进行精修剪，剪掉发量厚重的部分头发。避免修剪到表面的头发。

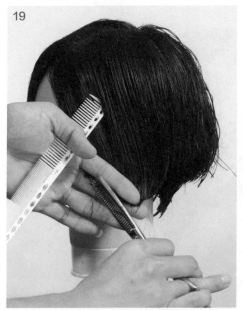

将耳朵后面的头发梳成向前的C型，将内侧的头发从靠近发根处开始进行精修剪，这样就很容易达到发梢内扣的效果了。

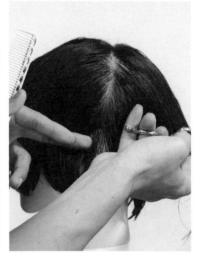
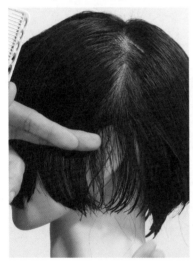
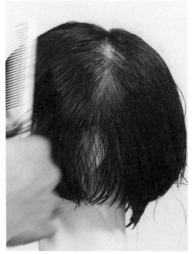

20

从后面的中心线开始，向轮廓线进行精修剪。这样整体的融合度就会更好。

21

吹风前的头发修剪完毕。

● 吹干后的修剪

避开表面的头发，对侧面、后面的内侧发梢进行精修剪。

在侧面，从前往后用牙剪修剪，发线就很容易形成了。

将分区线两侧的头发梳向相反侧，进行检查修剪，与表面的头发自然衔接。

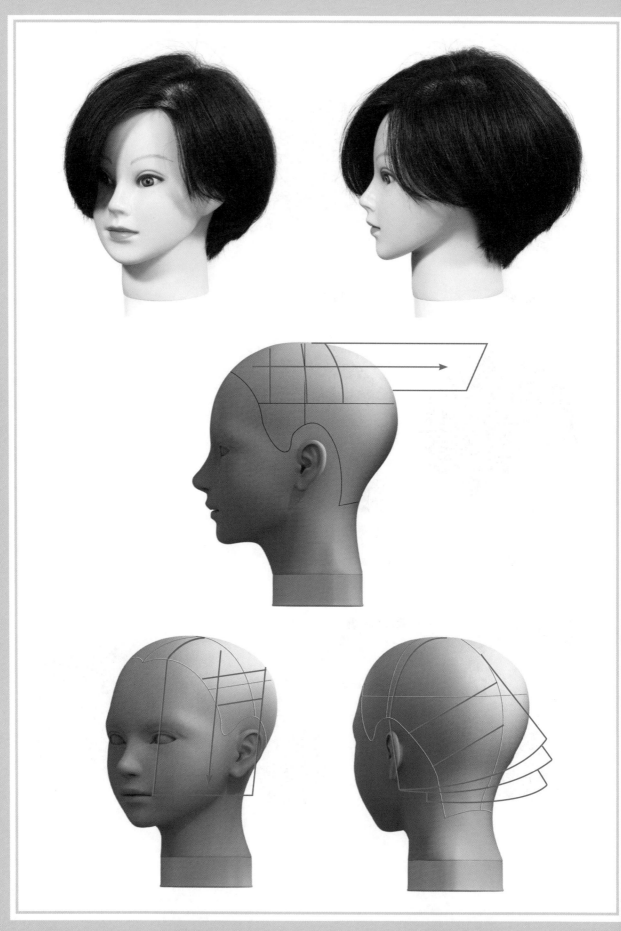

实例3

侧面层次波波头

短发蘑菇波波头

用侧面层次波波头的技法进行修剪,但需要好好设计的造型。从后往前上升的脸部周围轮廓线和圆形且较高的重量区增加了可爱和年轻的感觉。

正面

半侧面

侧面

> **· 小贴士 ·**
> 检查修剪是保证层次幅度的基础并能保持圆的形状。侧面是一种前卫造型,为了形成现代风格而没有使头发向后弯曲。

● 发量少侧的修剪

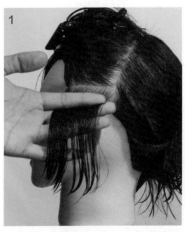

1

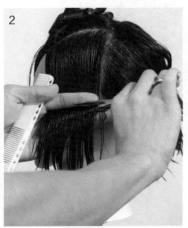

2

用双耳之间的连线将头发分成前后两部分。在侧面进行横向发片的划分,将最低侧的发片取出,在与地板几乎平行的高度引出,然后修剪。

分取发片,到顶部为止,以与步骤1中发片同样的高度修剪。

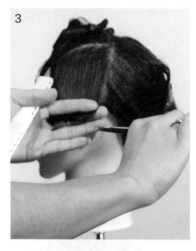  

3

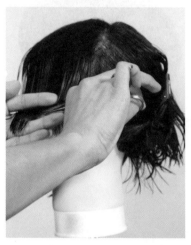 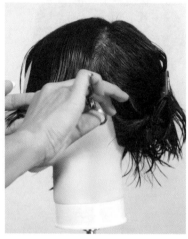

实例1、实例2的前面部分要留有一定的
长度，所以修剪时要注意。

4

侧面修剪完毕。将头发提拉到相同的
高度修剪，所以最下面的鬓角部分的
头发会留长一些。

● 发量少侧的修剪

最初的线条修剪完毕。最下方的发片也提拉到大体与地板平行后再修剪，修剪到用手抬起头发后能达到脖颈处的长度。

继续斜向划分发片，到顶部为止，采用同样方式进行修剪。

左右两侧都同样修剪。

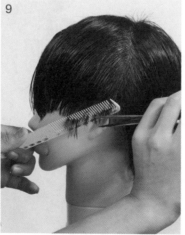

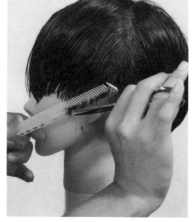

侧面和后面的轮廓线就做好了。

耳朵周围的检查修剪 。将耳朵周围的头发梳成C型，将切口处的角剪掉，耳朵前后都要进行修剪。

10

耳朵周围的轮廓线就做好了。

11

相反侧的侧面也是一样，全部以最低侧发片修剪时高度开始，一直到顶部为止进行修剪。

12

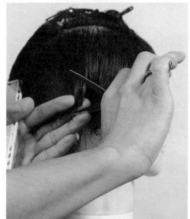

后面与上一步进行同样的修剪。

● 检查修剪

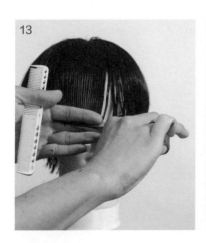

13

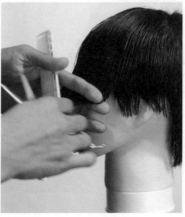

将刘海和前面的头发向下梳，与侧面的头发相衔接，修剪成圆形的线条。

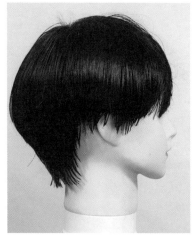
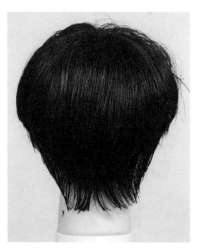

蘑菇波波头发型的前面就做好了。从侧面到后面，形成了有棱角的层次幅度。

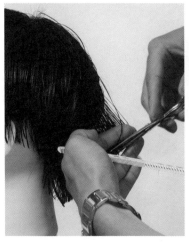
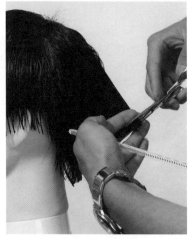

从后面的脖颈处开始，将头发斜向划分发片并取出，向上提拉60度引出，将残留在切口的角剪掉。

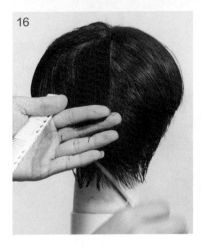
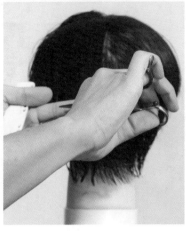
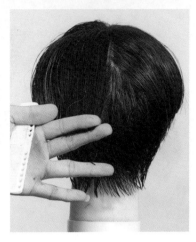

逐步分取斜向的发片，将后面的头发向上推进修剪。发片的引出角度是沿着头部的圆形不断进行变化的，一般保持与头皮形成30度角。

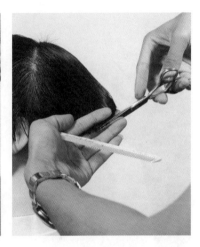

侧面也是以斜向取出头发，向上提拉60度角，向后方引出，将残留在切口处的角剪掉。

接着步骤17继续自上而下划分斜向发片。从顶部开始向下推进修剪的同时，沿着头部的圆形，对引出的角度进行变换。相反侧也进行同样的修剪。

修剪到前面为止，将前面的发片向后方引出，将残留在切口处的角剪掉。

从双耳之间的发旋处开始划分发片，取出头发，将残留在切口处的角剪掉。

两侧修剪完毕后，在中心线上向上引出发片。将中心线两侧的头发合到一起，将角剪掉。

● 发量和质感调整

22

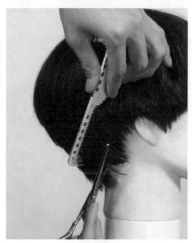

将侧面和后面的头发都自后向前用牙剪修剪。因为这个造型的发线无需向后，所以对前面头发的方向性不必太过在意。

23

吹风前的头发修剪完毕。

● 吹干后的修剪

从脖颈处的角开始到耳朵上面为止，用牙剪修剪，剪掉重量区。

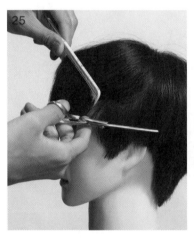

将牙剪竖着放进脸部周围的线条内进行精修剪，做出容易跟皮肤融合的发梢。

从重量区线到发梢，将牙剪伸入内侧，修剪出柔和的线条。

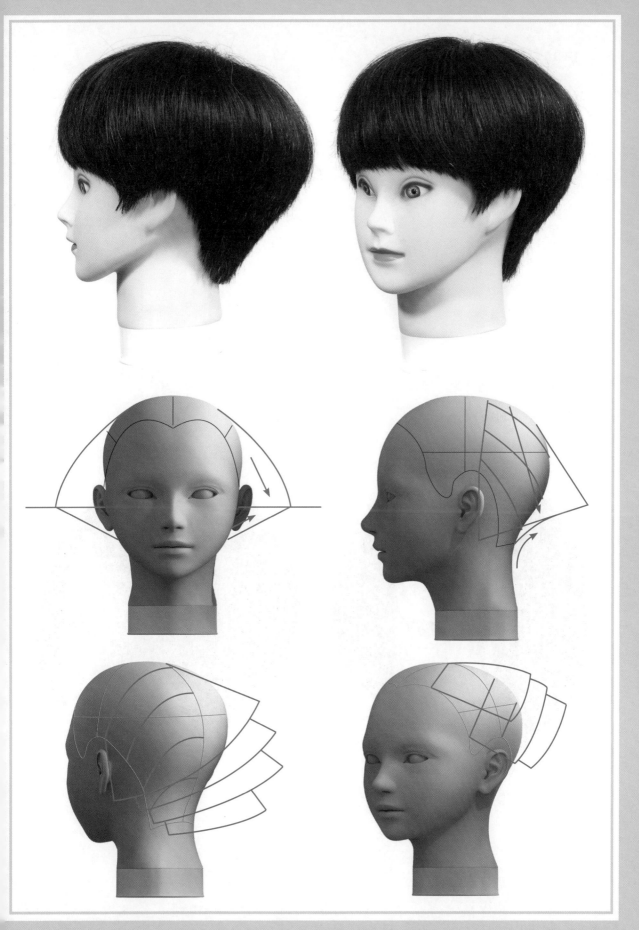

成熟女性的主打发型4

短发层次波波头

在沙龙中, 有许多适合40岁女性的发型。如果年轻的时候就开始喜欢模特系的时尚, 爱打扮, 那么无论什么时候, 短发层次波波头都可以说是永恒的经典造型。此类造型可以使头部看起来较小且非常具有立体感, 这也是这款发型拥有人气的秘诀。其关键就在于, 对脸部周围的头发做造型后, 既可以扮酷, 又可以给人可爱的印象。

实例 1

侧面不对称的波波头

方形波波头

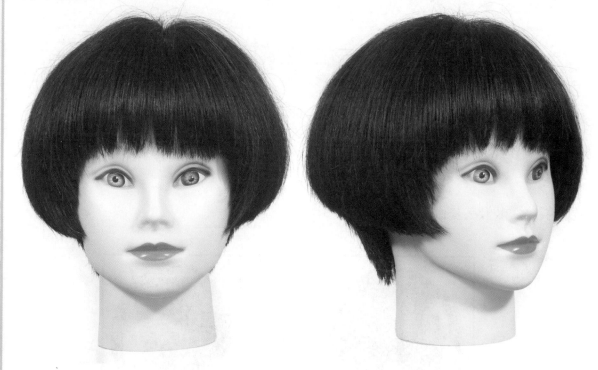

前后分区的波波头

成熟女性之短发层次波波头分析

是模特系、前卫系女性支持率最高的一种造型

短发层次波波头，即使在成熟女性当中，也是一种得到许多人喜欢，尤其是得到偏爱酷帅系风格的人群支持的造型。这是因为，此类发型可以使头部看起来更小，且与脸部周围产生碰撞设计的情况特别多。只要在后脖颈处骨头最突出的部位，好好地做出重量区，把脖颈处包住，侧脸就会显得很酷。因为不需要将发型修剪成温柔、柔和的类型，所以，可以最小限度地将头发剪成圆形。

在短发层次波波头基础上加以变化的造型

实例 1

清晰的重量区。

脸部周围令人印象深刻的斜向线条。

实例 2

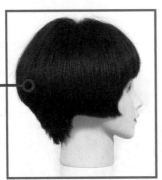

几乎感觉不到圆形，重量区突出。

脸部周围是方形波波头风格。

实例 3

重量区部位也是带有圆形的感觉，形状稳定。

脸部周围没有明确的线条。

修剪层次幅度的三种变化方法

短发层次波波头的修剪要点是，在头部后方最突出的部分用层次幅度做出重量区

　　做不到这个的话，就做不到小而精致。亚洲人的骨骼，大多数是后脑部分比较扁平。如果可以做出符合要求的重量区的话，头部的形状就会变得更加好看。

　　根据想要做出的形状，进行层次幅度变化的修剪。这里将介绍三种变化的修剪方法。

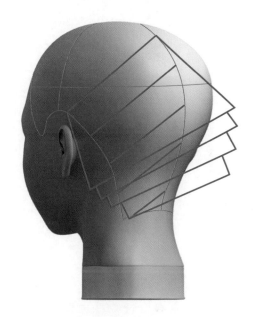

实例 1

　　从脖颈处开始斜向划分发片，取出头发，上提45度进行修剪，逐步从后面开始向侧面分取发片进行修剪。与阶段修剪法相比，可以修剪出坡度较小的层次幅度。

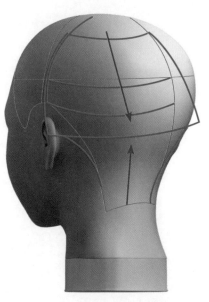

实例 2

　　横向划分发片，将头发取出。从上到下，每个发片都提拉至相同的高度后再进行修剪，这就是阶段修剪法。阶段修剪法可以做出明显的、尖形的层次幅度。

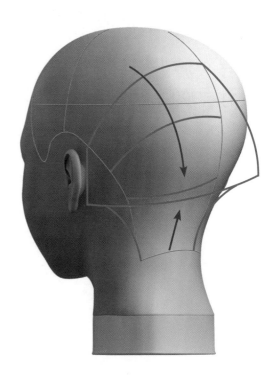

分两次加入低层次的修剪。采用低层次进行阶段修剪完毕后，再以接近纵向的方向斜向划分发片，进行低层次的检查修剪。这样，就会出现近似于高层次修剪产生的圆形的层次幅度。

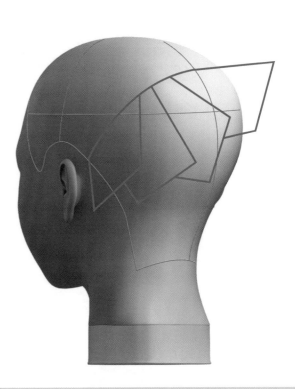

短发层次波波头

侧面不对称的波波头

这是一款追求酷帅系、模特系的顾客们都想拥有的造型。其特点是：侧面部分极端化，在前面修剪成左右长度不一样的造型。

| 正面 | 半侧面 | 侧面 |

------ 小贴士 ------

如果针对前面的长度,在取得平衡的位置做出后面的重量区的话,侧脸的轮廓会给人干练的感觉。

● 后面的修剪

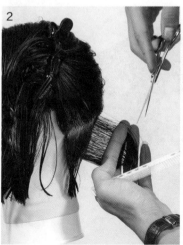

将发量多侧和发量少侧分开, 设定修剪长度为达到嘴角的长度。

从后面的中心线开始, 将头发斜向划分发片并取出, 向中心线稍微偏移, 然后上提45度, 以斜的线条修剪。

3

在中心线附近上提，在靠近耳朵处下降，修剪的线条也是逐渐由斜向变为接近横向的线条。继续推进修剪，剪掉发片之间的角。

4

分取发片，到顶部为止用同样的方法修剪。修剪的时候，发片稍微向中心线偏移，使外侧的头发稍稍变长。

● 左侧面的修剪

分取发片，到顶部为止，用同样的方法修剪。修剪的时候，发片稍微向中心线偏移，使外侧的头发稍稍变长。

同样地向顶部推进修剪。

发量少侧前面的头发剪到嘴角的长度。

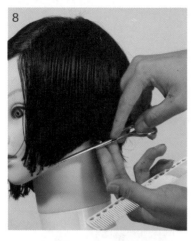
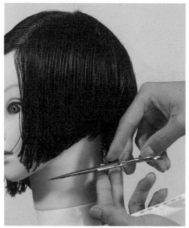

线条的检查修剪。鬓角部位梳成向前的C型，让内侧的头发露出表面，剪掉超出轮廓线的部分。

● 右侧面的修剪

相反侧也一样，斜向划分发片，取出头发，向中心线稍微偏移后，再上提进行修剪。

● 检查修剪

10

将发量多侧前面的头发修剪到下颌的高度。

11

线条的检查修剪。将头发向后梳，剪掉从下方轮廓线处露出的部分。

12

将后脖颈处的头发向上面梳，整理表面。

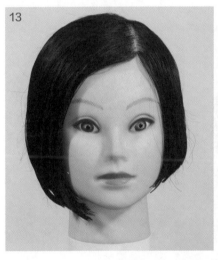

13

表面整理完毕的状态。做成后面较宽、左右两侧层次幅度逐渐变得狭小、前面长度段差较大的基本造型。

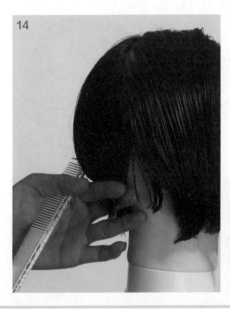

14

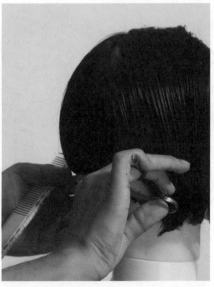

对脖颈处的末端进行检查修剪。将头发梳成向前的C型，修剪脖颈处耳朵后方的内侧。

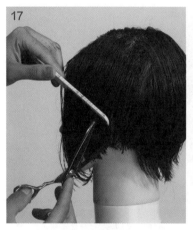

分区线上的检查修剪。从发量少侧取紧邻分区线的发片，向上引出，梳向发量多侧，使发梢的长度保持一致，进行修剪。之后，发量多侧也进行同样的修剪。

对发旋附近的头发进行检查修剪。沿着头部划分出圆形发片，取出头发，将发片向上引出，将从发梢处露出的头发剪掉。

● 发量和质感调整

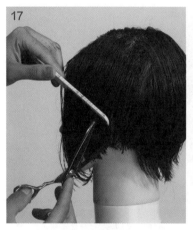

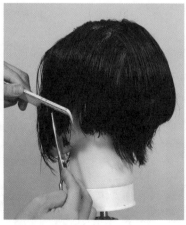

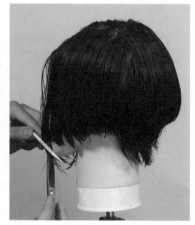

调整整体的发量。用梳子将内侧的头发梳到表面，从中间开始至发梢，用牙剪修剪。

用梳子将头发梳起，用牙剪修剪。将重量区线晕染开，使其变得柔和。

向上引出后面重量区的头发，将内侧的头发用牙剪进行精修剪。从内侧的中间开始至发梢全部进行精修剪，使重量区部位呈现出圆形。

20

吹风前的头发修剪完毕。

● 吹干后的修剪

21

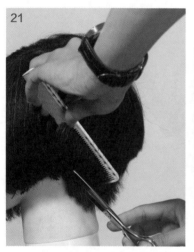  

吹干后，用牙剪剪掉耳朵后面的重量区，并对轮廓线进行检查。

先用牙剪修剪前面和后面的头发。

然后再用牙剪修剪后面的头发。

最后，用牙剪修剪后面和头顶的头发，使其变得柔和。

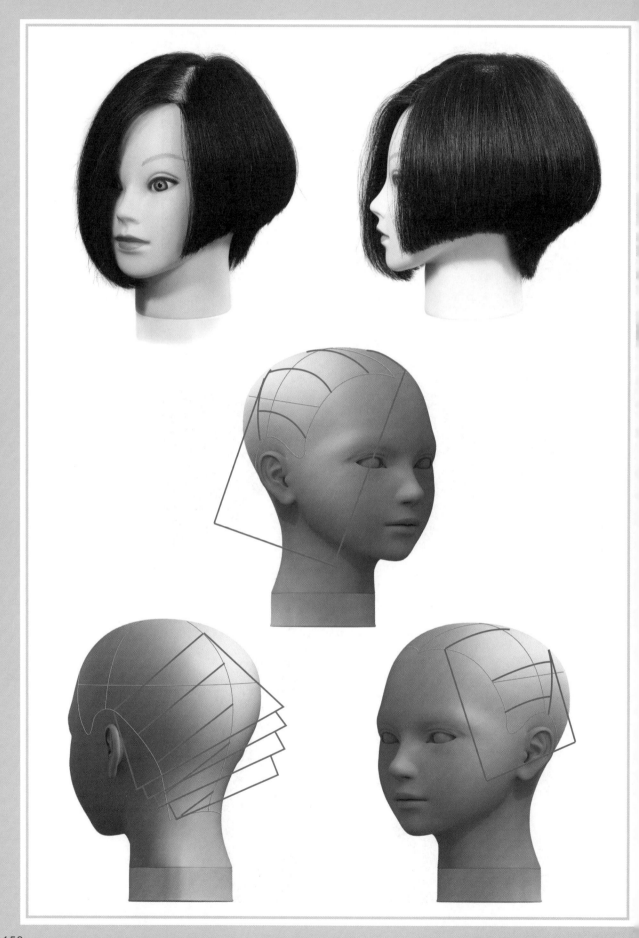

实例 2

短发层次波波头

方形波波头

虽然原型是方形波波头的造型,但是由于面向现在追求可爱风格的女性,刘海不要形成模特系那种干脆利落的线条,而是要形成暧昧的圆形的线条。

  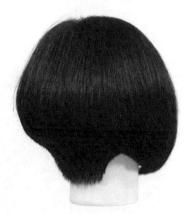

正面　　　　　　　　　　半侧面　　　　　　　　　　侧面

------- **小贴士** -------

因为这款发型后面的重量区位置较高,所以成为一款能使头部看起来清爽、姿态漂亮的造型。

● **后面的修剪**

在脖颈处横向划分发片,取出头发,平行于地板引出,以水平的线条进行修剪。将发片以稍微向中心线偏移的状态修剪,使外侧变长。

向上推进修剪,以步骤1中发片修剪完的高度为基准,不要升高或降低,修剪其他发片。

3

修剪到侧面附近时，要沿着头部的圆形进行修剪。

4

 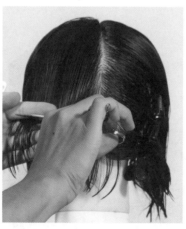 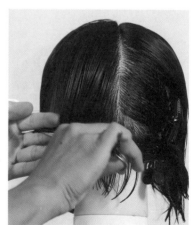

分取发片，到顶部为止，以与步骤1中发片修剪完的高度相同的高度进行修剪。

● 加入低层次的修剪

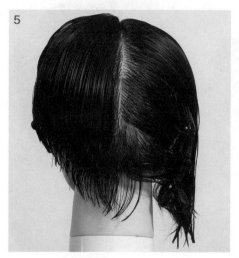

后面中心线左侧修剪完毕的状态。

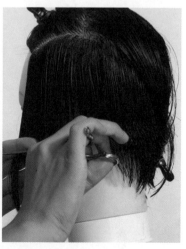

在侧面横向划分发片，取出头发，自后向前修剪出稍微下降的线条。与后面的修剪手法相同，将发片夹住后，稍微翻转再修剪。

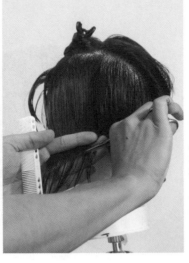

向顶部推进修剪，不要上提发片，而是垂直向下梳后再修剪。

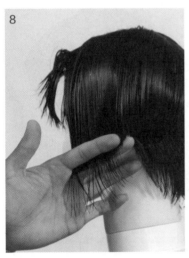

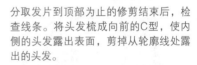

为了使前面不致变短，稍微将头发的前侧引出一定角度后再修剪。

分取发片到顶部为止的修剪结束后，检查线条。将头发梳成向前的C型，使内侧的头发露出表面，剪掉从轮廓线处露出的头发。

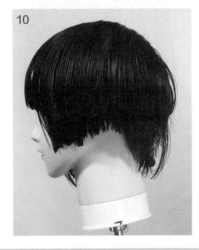

从后面开始至侧面修剪完毕的状态。

  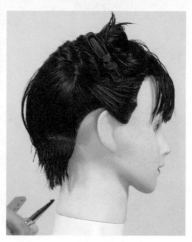

相反侧也进行同样的修剪。

将黄金点处的头发梳向后面，横向划分发片，与重量区重叠，从发片切口处露出的部分要剪掉。分取发片到前面为止，都要进行同样的检查修剪。

后脖颈处具有层次幅度的部分用梳子梳理，然后在中心和两侧进行修剪。调整发量和质感。

● 刘海的修剪

刘海部分多取些头发。因为想使刘海的头发不流向后面，取发时要在头顶上形成圆弧状。

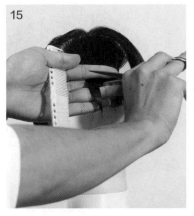
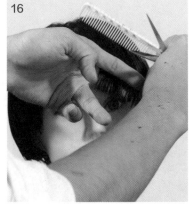

将头发向中心处集中，梳理后再修剪。这样，头发自然下垂时就会形成两边略长的椭圆形线条。

将头发梳成向内的C型，剪掉内侧的头发，整理线条。

● 修整形状

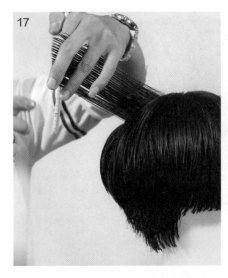

在顶部加入高层次，从后面的黄金点开始纵向划分发片，引出头发，再进行高层次的修剪。

自黄金点划分纵向发片，到前面为止，用同样的方法对每个发片都进行高层次的修剪。

将黄金点两侧修剪成高层次的头发合到一起上提，剪掉切口处的角。

● 发量和质感调整

用牙剪从下面开始向上修剪，精修剪低层次的线条，环绕头部一周进行修剪。

用牙剪修剪重量区线，使其变得柔和，同样要环绕头部一周进行修剪。

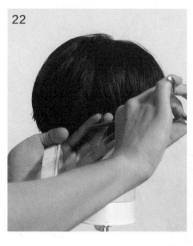 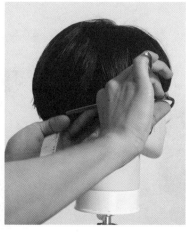 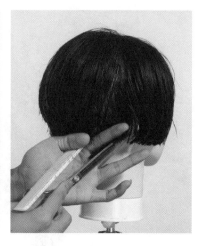

将耳朵后面的头发梳成向前的C型，剪掉内侧的头发中有角的部分，防止其从轮廓线处露出。

从后面黄金点开始向侧面和前面用牙剪进行打薄处理。

从后面黄金点开始向侧面和前面，用牙剪进行打薄处理。

刘海的检查。纵向划分发片，取出头发，向中心梳，进行高层次修剪，做出表面的段差。

用牙剪使刘海的发梢更加虚化。同样，脸部周围也用牙剪进行虚化修剪。

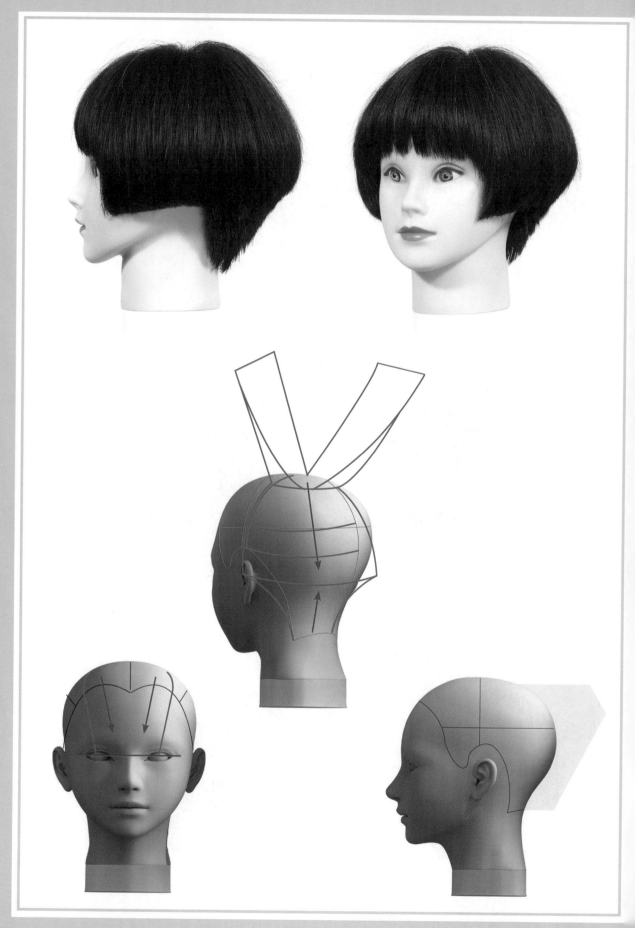

实例 3

短发层次波波头

前后分区的波波头

与模特系风格相比,这是一款给人可爱印象的短发层次波波头。后面用阶段修剪法修剪后,纵向划分发片,取出头发,加入低层次的修剪。侧面和后面分别分成几个部分进行修剪,修剪过程中要留有一定长度。

正面 　　　　　　半侧面 　　　　　　侧面

─ 小贴士 ─

因为从头部前面到黄金点为止都加入了高层次的修剪,头发偏薄和偏软的发质都很容易处理。脸颊处的造型就如图那样保持着,或者披到耳朵后面。

● 后面的修剪

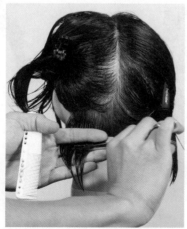
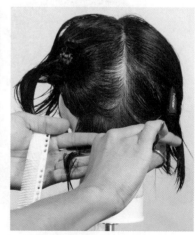

在双耳侧后方连线,将头发分为前后两部分。之后,在黄金点偏上的头骨凹陷处横向划分发片,取出头发。将发片垂直梳理至脖颈处,再向上拿起,平行于地板引出进行修剪。

 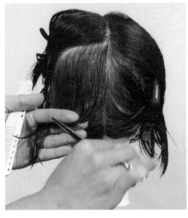 

其他横向划分的发片都以步骤1中发片修剪后的高度为基准进行修剪。相反侧的后面也进行同样的修剪。

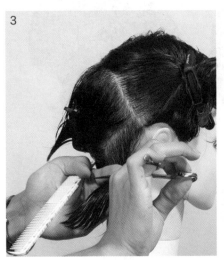 

整理脖颈处的线条。平行于耳后发际线取出发片，向前方引出，剪掉从切口处露出的头发。

 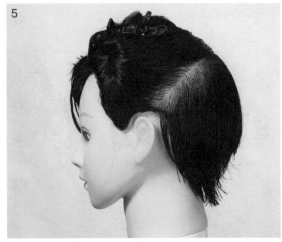

整理脖颈处的表面。用梳子将头发从左右两侧向中心和上方梳理后，再进行修剪。

到此的修剪决定了后面重量区的位置。可以看出，发线弧度更加圆润了。

● 加入低层次的修剪

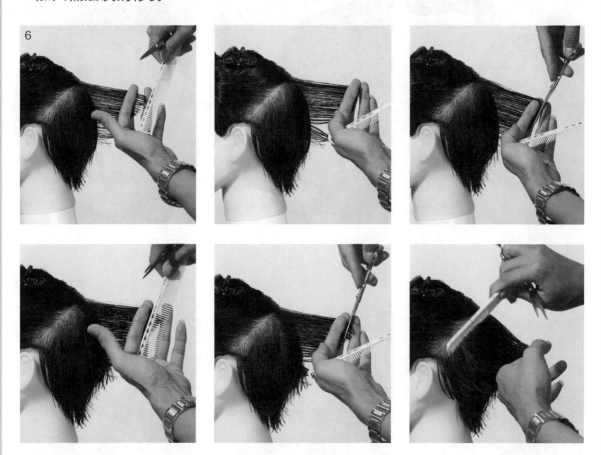

在后面斜向划分发片，取出头发，剪掉切口处的角。将横向划分发片修剪后的低层次造型再纵向划分发片，进行低层次修剪。这种以十字检查修剪的要领所进行的修剪方法，会使形状变得小一圈。

● 侧面的修剪

平行于前后部分的分区线，在前侧斜向划分发片，平行于地板向后引出进行修剪。修剪至侧面时，要沿着头部的圆形轮廓进行提拉。

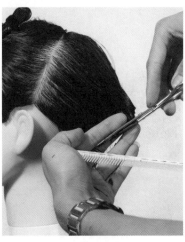

继续向前划分发片，以步骤7中发片修剪完后的线条延长线为基准进行修剪。

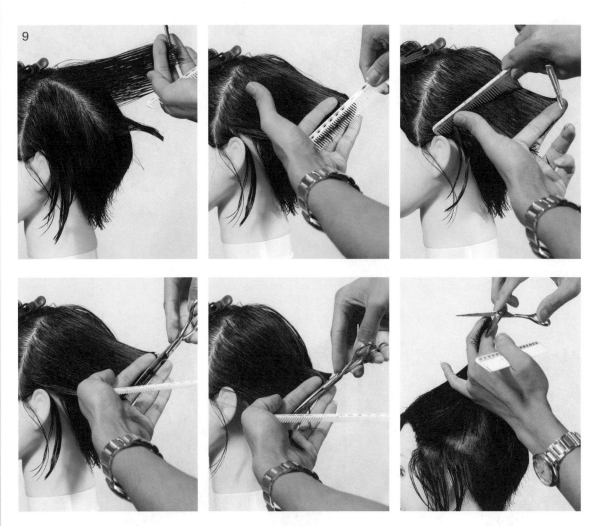

以步骤7、步骤8中修剪过的发片为导向，分取发片，修剪到前面为止。注意所有的发片全部向后方引出再修剪。

● 前面的修剪

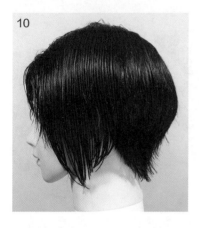
10

侧面修剪完毕的状态。因为全部头发都是向后方引出再修剪的，所以形成了从后往前下降的线条。耳朵上方的短发与侧面较长的头发重合在一起了。

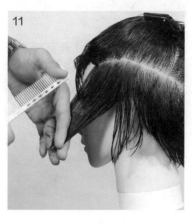
11

在前面与额头发际线平行地取出划分好的发片，向前方引出，使前面形成从后往前上升的线条，进行修剪。

12

将头发梳成向前的C型，剪掉露出表面的内侧头发产生的角。

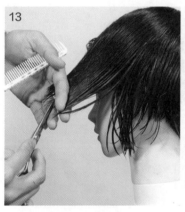
13

将头顶上的头发梳向前方，与前面的发线吻合，检查修剪掉超出的部分。

14

15

将后面黄金点处的头发向斜上方引出，以高层次的线条剪掉切口处的角。

将黄金点侧面的头发斜向划分发片取出，向后上方引出，在高层次处检查修剪低层次的线条。

在黄金点下方，以步骤15中发片修剪完成后的延长线为基准进行高层次的修剪。黄金点下方的两侧，也采用同样的方式修剪。

自黄金点向前分取发片，到额头发际线为止，都采用同样的高层次修剪。要注意，不向后方引出发片的话，前面的头发就会变短。

在加入高层次修剪的部分的下面，检查修剪掉形成的角。

● 发量和质感修剪

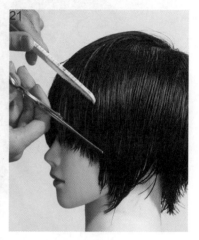

将黄金点左右两侧的头发合到一起进行检查修剪。在正中线处取出合并的发片，梳向后面，剪掉切口处的角。

在加入高层次修剪的部分的下面，检查修剪掉形成的角。

用牙剪修剪刘海，使线条虚化。

吹风前的头发修剪完毕。

● 吹干后的修剪

在刘海处，纵向划分发片，取出头发，向上引出，在发梢处用牙剪修剪。

将耳朵后面的头发引出，在发梢处以高层次的线条用牙剪进行修剪。

刘海与鬓角相衔接的部分，用牙剪打薄，使其融合到一起。

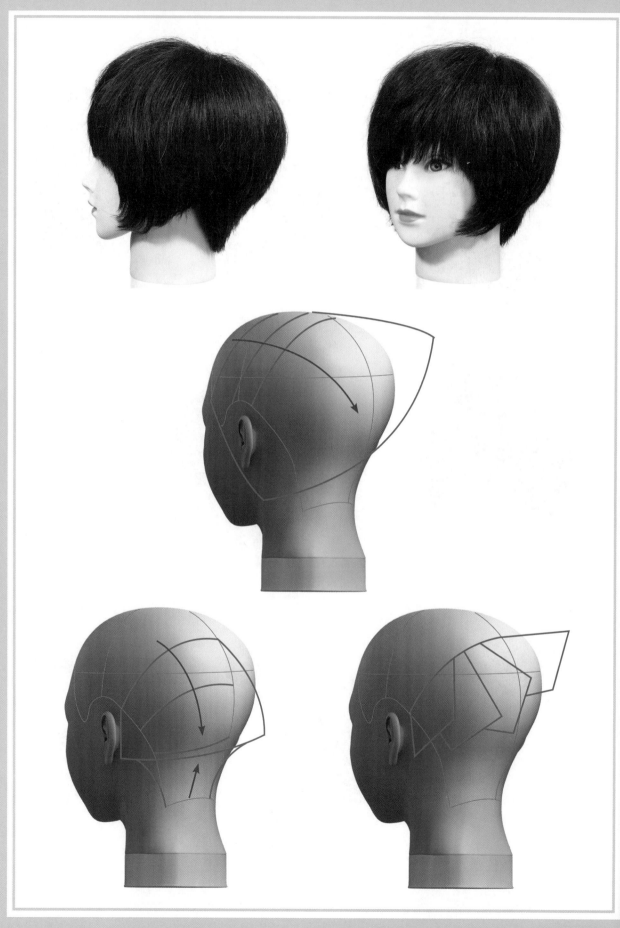

成熟女性的主打发型

肩下中长发造型

　　不想放弃有女人味儿和可爱风格造型的女生，无论到什么时候都会倾心于长发或中长发。但是，对于元气日渐不足的成熟女性来说，如果留着过长的头发的话，不见得会漂亮。因此，建议采用肩下中长发。剪个刘海，或者做个卷发，既保留了满满的女性味儿，又充满甜蜜感。

实例 1

有刘海的中长发造型

层次幅度较大的中长发造型

实例 3

层次幅度较高的中长发造型

成熟女性之肩下中长发造型分析

根据不同喜好分成的三种造型

现在，即使是四五十岁的女性，也有许多人想选择长发。针对不同喜好采取相应的方法是很有必要的。

肩下中长发的长度不会给人暧昧的感觉。

喜好定下来了，就按照那个造型一气呵成地修剪吧。

实例 1　重量区和刘海保留可爱的印象

这个流行数年的、刘海向下坠的发型，即使是成熟女性也对它没有抵抗力，所以对于40岁至50岁的女性也是适用的。

下方轮廓线有厚重感，重量区的位置在下颌处附近，在三个实例中是最低的。

因为是狭小的段差幅度，发梢几乎不具有动感。

实例 2　　　　　　　　　　　　　　**实例 3**

前面的侧面部分显得较为成熟，不同的人又会表现出锐利感、酷感。

长刘海显得较为华丽，有欧美风格。

重量区位置稍高，在嘴角的高度。

实例3是三个实例中重量区位置最高的。虽然是中长发的造型，但是整体形状上是纤细的。

因为下方轮廓线的发梢具有动感，所以，即使较长也能给人轻飘的印象。

发梢处段差幅度较大，在具有动感的同时，也表现出华丽的效果。

发型的基本修剪方法

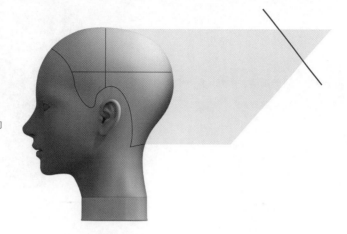

1.将上方头发进行高层次修剪，直至下颌的高度。

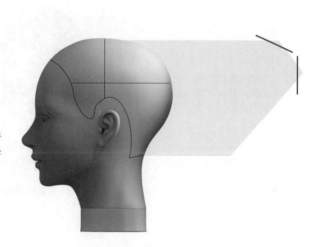

2.在上方高层次与下方低层次的衔接处进行检查修剪，再对表面的部分头发进行检查修剪，将角剪掉。

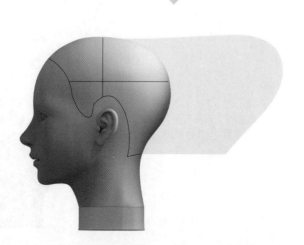

3.做成在低层次基础上加入高层次的状态。

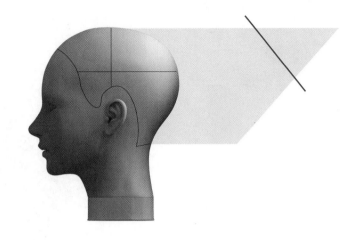

1.将上方头发进行高层次修剪，直至嘴角的高度。

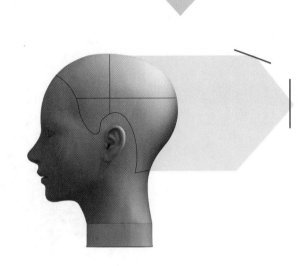

2.在上方高层次与下方低层次的衔接处进行检查修剪，再对表面的部分头发进行检查修剪，将角剪掉。进行检查修剪时，要做出比实例1更加向内扣的圆形。

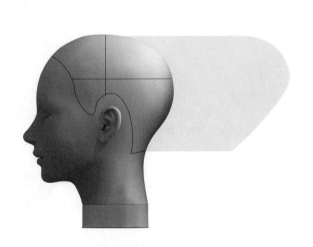

3.让头发自然垂落。因为下方轮廓线有一定的层次幅度，所以可做出重量区上侧和下侧均被精修剪过的状态。

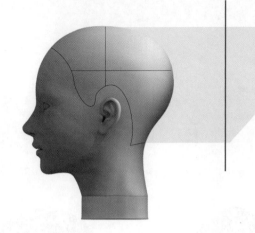

1.将头发进行高层次修剪，直至能够碰到鼻子的高度。以垂直于发梢的线条进行修剪。

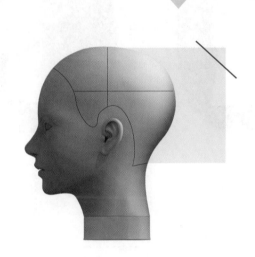

2.在表面的头发上进行检查和修剪，将角剪成圆形。

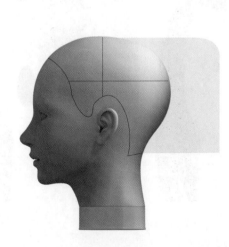

3.因为将头发剪成了垂直于圆形头部轮廓的线条，所以形成上方是低层次、下方是高层次的构造。

实例 1

肩下中长发造型

有刘海的中长发造型

前面有刘海的话,下方轮廓线处留有重量区的形状会是比较可爱的,向喜欢舒适造型的人推荐。

正面　　　　　　　　　　半侧面　　　　　　　　　　侧面

------- **小贴士** -------

虽然这款发型延长了刘海的长度,但因为加入了高层次修剪,顶部就变得不容易被压扁了。

● **基础修剪**

在前面分取出三角形区域的头发,向中心集中梳理,修剪刘海。考虑到与侧面和后面头发相互衔接的平衡感,刘海的长度设定在颧骨处。

2

将刘海从中间分开，梳成向内的C型。将露出表面的头发剪掉，这是为了防止内侧头发从切口处露出。

3

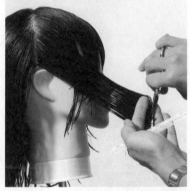

4

将耳朵上面的头发斜向划分发片并取出，梳向前方。进行高层次修剪，达到下颌的高度。

继续向后斜向划分发片，进行同样的修剪。

5

6

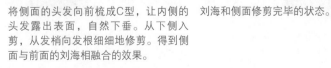

将侧面的头发向前梳成C型，让内侧的头发露出表面，自然下垂。从下侧入剪，从发梢向发根细细地修剪。得到侧面与前面的刘海相融合的效果。

刘海和侧面修剪完毕的状态。

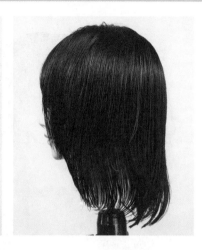

使后面和侧面相衔接，将头发修剪成稍微从后往前上升的形状。

● 修整形状

将头发从后面的黄金点处纵向划分发片取出，引向后上方，以到达下颌高度的长度为基准进行高层次的修剪。

继续在黄金点高度上环绕头部自后向前划分纵向发片，将头发向上引出，进行高层次修剪。

分取发片，到前面为止，与步骤8、步骤9采用同样的高层次修剪方法进行修剪。

相反侧也同样地划分纵向发片，进行高层次修剪。

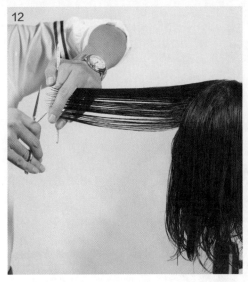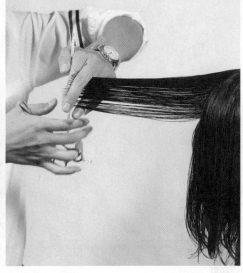

对高层次修剪后出现的角进行检查修剪。将头发纵向划分发片，与地板平行引出，剪掉从指缝间露出的角。

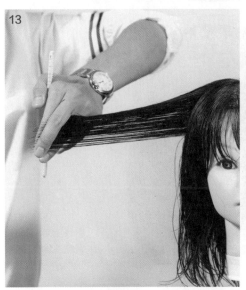

在头顶黄金点高度上环绕头部一周，进行同样的检查修剪。

在黄金点上方将正中线处的头发向正上方引出，剪掉从指缝中露出的角。之后，环绕头部一周进行相同的修剪。

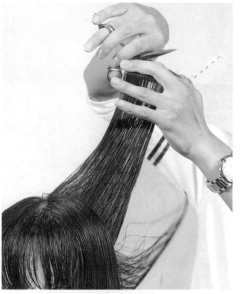

在步骤14中修剪过的部分下面又出现了新的角，也需要剪掉。在头部的黄金点上将头发划分纵向发片进行检查修剪，同样是环绕头部一周进行。

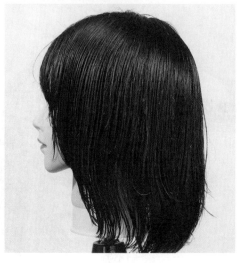

高层次修剪和检查修剪进行完毕的状态。

● 发量调整

在后面将头发纵向划分发片取出，在靠近发片下端的发根处，开始用牙剪进行修剪。

18

剪掉发片上端的发
梢，在低层次的线
条处进行精修剪。
环绕头部一周进行
同样的修剪。

19

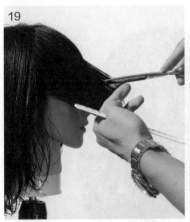 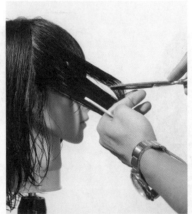 **20**

将侧面的头发向前方引出，结合基础的修剪线条，在高层次线条处加入精修剪。

在脸部轮廓处用牙剪进行修剪，使侧面
线条柔和。

21

  **22**

在刘海设定的弯曲处加入精修剪，从中心向外，用牙剪进行
修剪。

吹风前的头发修剪完毕。

● 吹干后的修剪

先沿着轮廓线检查修剪，将头发梳成向前的C型，剪掉从指缝间露出的内侧头发。然后，为了使刘海柔和，从中心向外用牙剪进行修剪。

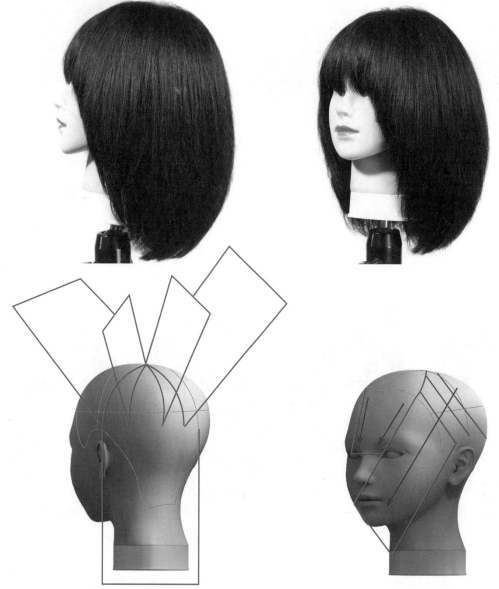

实例 2

肩下中长发造型

层次幅度较大的中长发造型

不是全刘海，而是成年人喜欢的流动刘海的造型。

正面　　　　　　　　　半侧面　　　　　　　　　侧面

---- **小贴士** ----

在从后向前上升的层次幅度之上，加入中心区域的高层次修剪。与实例 1 相比，段差的幅度更大，因此更容易表现出动感，发梢轻盈的印象也随之而生。

● **基础修剪**

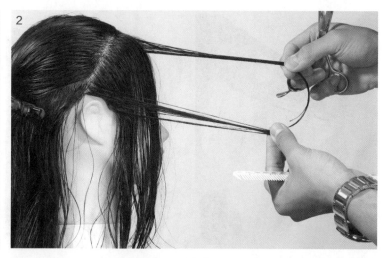

整体修剪出从后往前上升的轮廓线。

从发量少侧的前面开始修剪。头发长度自上而下逐渐加长，最上端到鼻子的高度，耳朵后面的下侧则达到与后面头发相衔接的长度。

将头发平行于额头发际线划分发片取出，向前方引出，修剪出步骤2中确定好的线条。继续向后划分平行发片，进行同样的修剪。之后，将从线条处露出的头发剪掉。

检查修剪。将头发梳成向前的C型，剪掉从内侧露出的头发。　　将发量多侧与发量少侧自然垂落的高度修剪一致。

发量多侧头发也是平行于发际线划分发片，引向前方进行修剪，但是注意，不要剪得过短。

发量少侧、发量
多侧的前面修剪
完毕的状态。

● 高层次的修剪

将头部黄金点上方的头发纵向划分发片取出，引向后上方略低的高度。

以到达嘴角高度的长度进行高层次修剪。

对黄金点下方的头发也纵向划分发片，提拉至上方头发的高度。

进行高层次修剪，也修剪到和步骤9中发片修剪后同样的高度。

黄金点上方和下方都同样地向侧面划分纵向发片，环绕头部一周进行推进修剪。因为耳朵附近的头发逐渐变轻，所以可修剪的部分会逐渐变少。

相反侧也同样地进行高层次修剪。

● 修整形状

  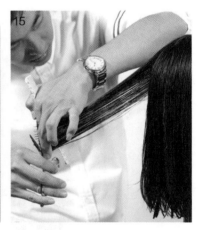

将步骤8~步骤13中修剪过的部分成60度角向后下方引出，这样发片之间的角就会表现出来。

将这个角剪掉，使发型变得流畅。环绕头部一周进行同样的检查修剪。

将顶部的头发向正上方引出，可以看出层次幅度的切口。

将发片进行高层次修剪。环绕顶部一周进行，将重量区的表面整理顺畅。

18

从耳朵上方开始将头发纵向划分发片取出，向前方引出，切口处会出现角。

19

将发片夹住向上提拉，然后修剪掉角。

20

继续向后纵向划分发片取出，向前方上拉，进行检查修剪。这个检查修剪是剪掉前面和侧面之间残留的厚度差异。相反侧也进行相同的操作。

高层次修剪完毕的状态。加入了高层次修剪，使重量区保持在下面的位置，圆形的形状也变得流畅了。

● 发量和质感调整

将前面打薄，从前往后用牙剪移动修剪。

调整整体的发量。将头发纵向划分发片取出，一边逐渐地向上提拉，一边对这束头发从发根向发梢用牙剪修剪。

晕染轮廓线。将头发梳成自然向下的状态，发梢用牙剪修剪。

发梢加入动感。将发片引出向上，发梢用牙剪修剪。

吹风前的头发修剪完毕。与步骤21相比，发梢表现出了轻盈感。

● 吹干后的修剪

刘海用牙剪修剪，剪刀沿着刘海设定的弯曲方向移动。

前面也用牙剪修剪。

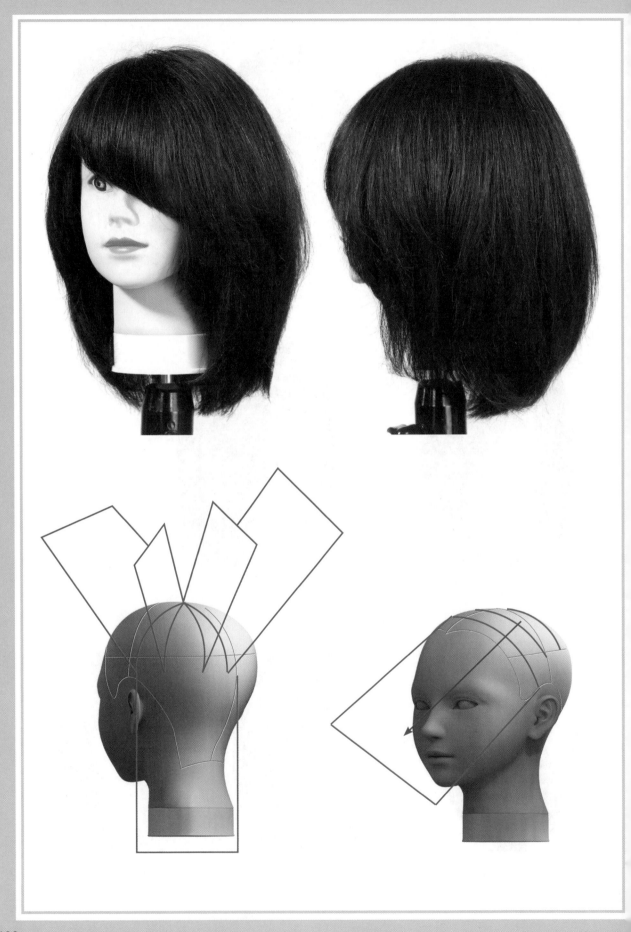

实例 3

肩下中长发造型

层次幅度较高的中长发造型

该发型是将头发平行于地板纵向划分发片引出,进行高层次修剪做出的造型。

正面

半侧面

侧面

---- 小贴士 ----

这款发型虽然留有重量区,但下方轮廓线相比实例2更薄,形成具有修长感的形状。

● 后面的修剪

在脖颈的中心线处取出纵向划分的发片,以平行于地板的高度引出,以垂直线修剪。

相邻的下一个发片也是以平行于地板的高度,向后引出进行修剪。

用相同的操作向耳朵后面推进，至耳后发际线为止。虽然引出的高度跟地板平行，但引出的方向要与头部的圆形轮廓相契合，呈放射状。

对上半部分也进行同样的修剪。发片提拉高度与地板平行，向侧面推进修剪，直至耳后。

另一侧的上半部分，也用同样的方式，从中心到耳后推进修剪。

继续将脸侧的头发以相同方法向上推进修剪。

到最后的分片为止，都要将头发平行于地板引出，进行高层次修剪。

● 侧面的修剪

对于侧面的头发，以与后面修剪相同的要领，将头发纵向划分发片，平行于地板引出，进行高层次修剪。不同的是，后面的发片呈放射状引出，侧面则无论哪个发片都向正侧面引出进行修剪。

后面、侧面修剪完
毕的状态。

● 检查修剪

将黄金点处中心线上的头发向正上方拿起，形成切口的一个角，将其剪掉，发片分取得不要太宽。

分取发片，到前面的额头发际线为止，用同样的方法进行检查修剪，这个修剪操作会使重量区线变得顺滑。

继续纵向检查修剪。在后面中心线处将头发划分发片取出，修剪掉切口形成的角。以同样的方法，从后面到前面环绕头部一周进行修剪。

13

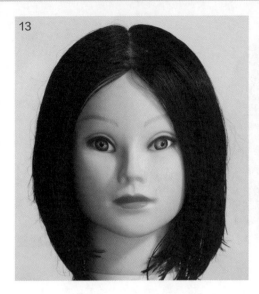

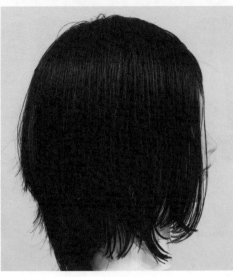

检查修剪完毕的
状态。

14

将头发平行于额头发际线划分发片取出，引向正下方，进行高层次修剪。

15

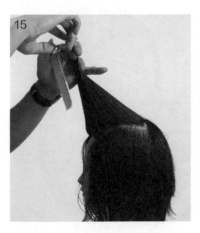  

对前面进行斜分，将分区线上的头发向上引出修剪。沿着分区线逐步分取头发，到头顶为止，全部梳向前面进行修剪。

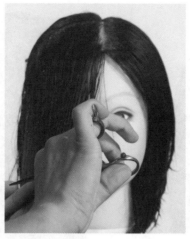

让发量多侧与发量少侧头发在脸部正前方自然落下，都以达到下颌的高度，向前方引出进行修剪。

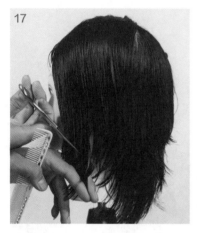

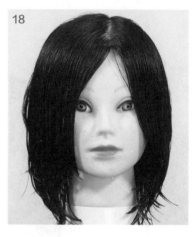

将前面的头发分别梳成向内的C型，内侧的头发会露出表面。使内侧的头发垂直于地面，从下侧入剪，从发梢至发根细细地修剪，令头发呈现轻盈感。

前面的精修剪结束的状态。

● 发量和质感调整

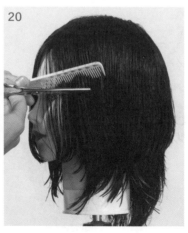

整理后面的轮廓线。后脖颈处的部分容易超出，因此将头发梳成C型，将里面的头发进行精修剪。

用牙剪修剪刘海，做出轻盈感。

鬓角部分用牙剪进行精修剪，做出轻盈感。

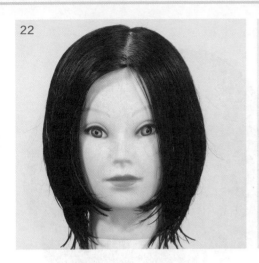

吹风前的头发修剪完毕。

● 吹干后的修剪

取发量多侧的刘海，从分区线向侧面方向，用牙剪修剪发梢。

将发量多侧的刘海向反方向的侧面梳，用牙剪修剪发梢。

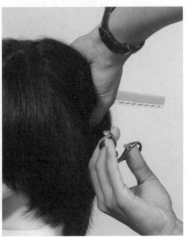

将分区线上的头发向上引出，用牙剪修剪发梢。

成熟女性的主打发型
耳上短发造型

以前,40 岁左右女性剪短发的概率很高,但是现在的剪发倾向发生了改变。剪耳上短发造型的顾客有 60 岁左右的,也有更加年轻的,以 30 岁左右居多,40 岁至 50 岁的比例反而不那么高了。

为了迎合当今成熟女性的喜好,短发就不能再给人尖锐的印象。推荐留有一定重量区、给人可爱感的设计。

实例 1

均等层次的短发造型

鬓角较长的短发造型

实例 3

头顶高层次的短发造型

成熟女性之耳上短发造型分析

做出可爱风格是要点

现在，40岁至50岁的顾客选择短发造型时，与形成尖锐感相比，还是更加追求可爱的印象。
为了满足这种要求，无论什么短发造型，在设计上都要留有一定程度的重量区。

为了给人更加温柔的印象，刘海和鬓角部分的长度要加以保留，做成头发分布在脸部周围且不露出耳朵的效果。

实例 1　重量区不明显，整体呈现出圆形

  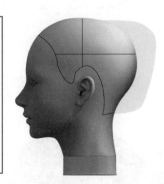

发型的基础是层次均等、形成不能清晰地感觉到重量区的圆形。如果是很短的均等层次的话，就会显得男性化，因此要留有一定的长度，整体上做出圆形。

做出刘海的厚度

  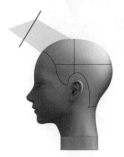

基础若是用均等的层次去修剪的话，脸部周围落下的发梢就容易使人显老。之后，需要使用低层次修剪法进行检查修剪，要做出厚度。

轮廓线不要给人土气的感觉

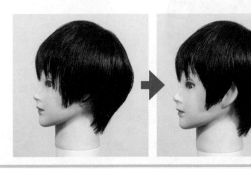 

将耳朵前侧和后侧的头发分开整理。

实例 2　做出长刘海和长鬓角的可爱感

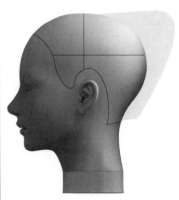

发型的基础是在短发层次波波头中，加入后面位置较高的重量区。如果保持这样不变的话，容易给人男性化的印象。因此，还需做出长刘海和鬓角，以增添可爱效果，弱化男性特征。

长刘海表现出女人味

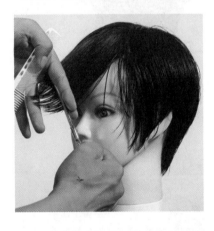

刘海要留有一定的长度，会使脸部给人整体变短、变柔和的感觉，显示出女人味儿。

鬓角留有一定的长度是重点

● **修剪出层次幅度后**　　● **整体完成后的效果**

纵向进行层次幅度修剪的话，耳朵周围的形状就会超出设计的轮廓线，需要加以修整。留长鬓角，使发型充满活力是这个设计的重点。

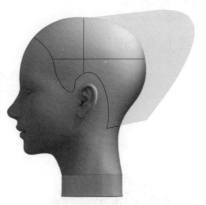

与实例2相比，重量区下降，是更容易呈现出可爱感觉的形状。因为以层次幅度作基础，所以脸部周围保留了圆形，可以说很容易就显示出知性女性的特质来。

使高层次和低层次的衔接处流畅

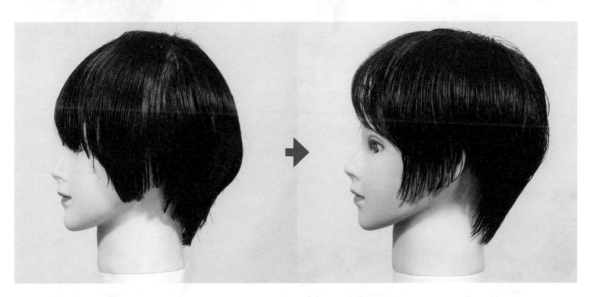

进行高层次和低层次的检查修剪，做出重量区部分的圆形。采用高层次修剪的目的不是像实例2那样使顶部具有动感，而是使形状更加流畅。

实例 1

耳上短发造型

均等层次的短发造型

这是喜欢模特系时尚并且追求轻松造型的人当中很有人气的一款发型。沿着头部修剪一周，从上向下进行均等层次的修剪。

正面

半侧面

侧面

---- 小贴士 ----

这款发型既具有动感，又剪掉了角，并且对轮廓线进行了认真修剪，是一款适合成熟女性的短发造型。

● **高层次的基础修剪**

从顶部开始修剪。在发旋的前面，取出与正中线垂直的3厘米宽的横向发片，进行均等层次修剪。

与步骤1平行地取出相邻发片，向后上方引出，用均等层次修剪法向前面推进剪，直至额头发际线处。

相反侧也一样，从发旋开始到前面的额头发际线为止，进行修剪。

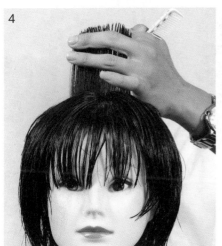 

用均等层次法修剪后，左右两侧头发合在一起，会在分区线处形成一个角，将其剪掉。

  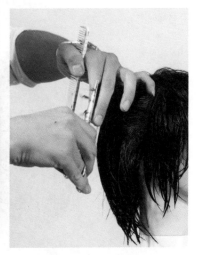

从顶部发旋处开始到黄金点处为止，取纵向发片，用均等层次修剪法进行修剪。同样的修剪要环绕头部一周进行。

从黄金点处开始到头骨凹陷处为止，取纵向发片，用均等层次修剪法进行修剪。同样的修剪要环绕头部一周进行。

头部略微前倾，从头骨凹陷处到脖颈处取纵向发片，用均等层次修剪法进行修剪。同样的修剪要环绕头部一周进行，形成发片与头部相契合的形状。

基本的修剪完毕的状态。

● 检查修剪

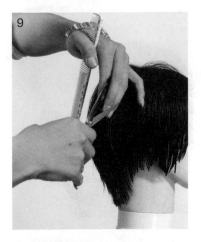

9

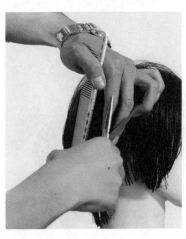

为了使形状更加流畅，进行检查修剪。基本修剪后，取出纵向划分的发片和交叉斜向划分的发片，向后上方引出，剪掉切口处出现的角。

10

后面也是这样，取出基础修剪后的纵向发片与交叉的斜向发片，向后上方引出，剪掉切口处的角。

● 耳朵周围的修整

在两耳上方连线，将头发分成前后两部分。取后半部分，从耳朵后面开始到脖颈处取出斜向划分的发片，以60度角引出，进行均等层次的修剪。

继续向上平行分取斜向发片，直至中心线，将发片分别集中于步骤11中修剪的位置进行修剪。

接下来，在耳朵前面取出划分好的斜向发片，进行高层次修剪。

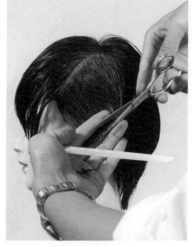

14

将耳朵附近的轮廓线整理成尖锐型。

● 前面和刘海的修整

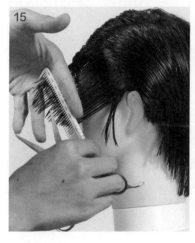

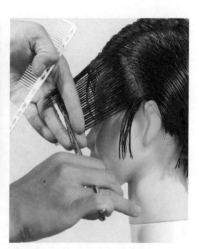

15

在额角和鬓角的头发相接处划分发片取出，向前方引出，以垂直的线条进行高层次修剪。从眼睛下面开始进行段差处理。

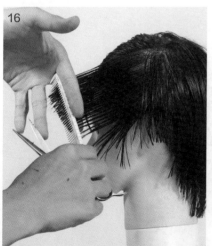

16

继续向后分取与步骤15中的发片相平行的发片，进行推进修剪。相反侧也进行同样的修剪。

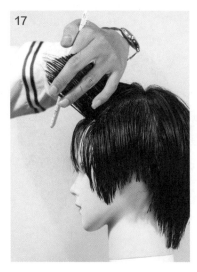 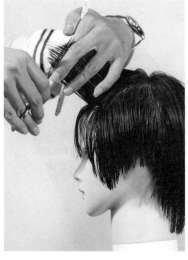 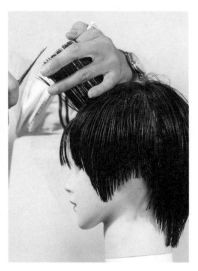

将刘海划分发片取出之前，修剪成均等层次的发片。向上引出，用低层次法进行检查修剪，做出厚度。

与步骤17平行地向下划分发片，取出头发，直到末端都用相同的方法修剪。

● 发量和质感调整

用牙剪对鬓角部分进行精修剪，再从刘海到前面进行精修剪。这里进行的精修剪可以将线条虚化，使脸部周围的头发与皮肤融为一体。

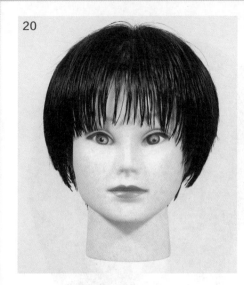

吹风前的头发修剪完毕。

● 吹干后的修剪

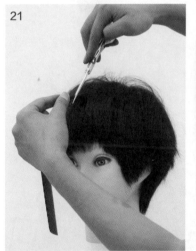
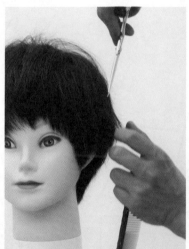

刘海用牙剪修剪，剪刀沿刘海设定的弯曲方向移动。前面也用牙剪修剪。

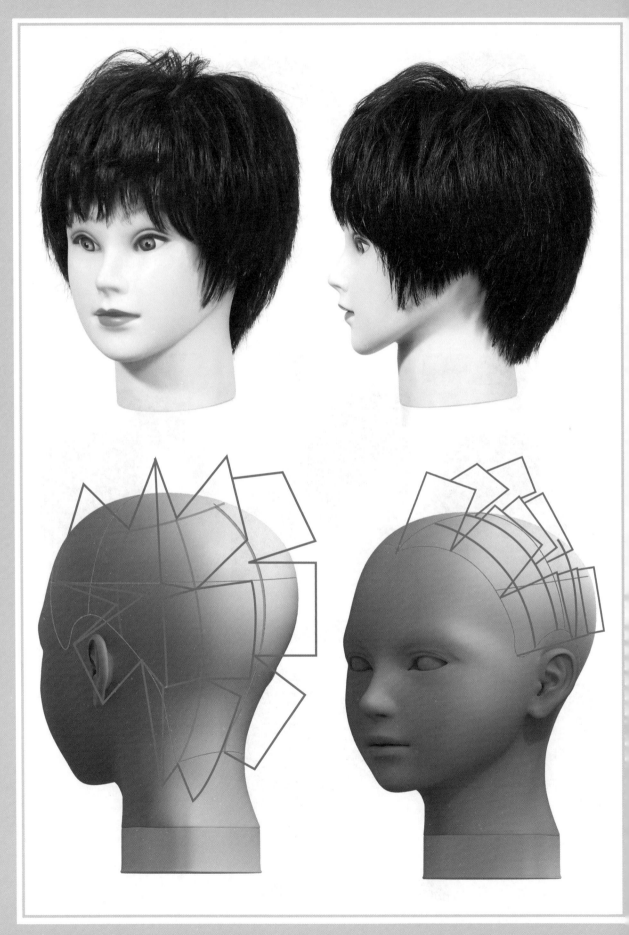

实例 2

耳上短发造型

鬓角较长的短发造型

在短发的基础上,使发际线处的头发留有一定长度的设计。以前在脖颈处留有一定长度头发的造型很流行,现在是只在鬓角留有一定长度头发的情况比较多。发型基础是纵向修剪的层次幅度,因为在顶部加入了高层次修剪,所以,即使是头发容易被压瘪也没关系。

正面　　　　　　　　　半侧面　　　　　　　　　侧面

------ **小贴士** ------

这款发型,由于在前面留有一定的长度,所以也是一种可以使顶部变短的造型。

● **后面的修剪**

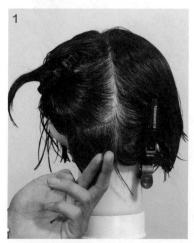

在脖颈处的中心位置斜向划分发片,取出头发,向后上方引出,以接近均等层次的低层次修剪法自上向下进行修剪。

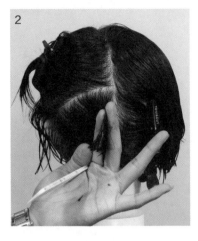

在相邻处斜向划分发片，取出头发，以下侧发片的延长线为向导自上向下进行修剪。

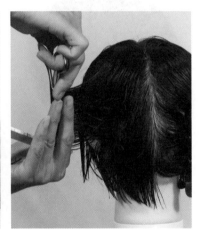

在与步骤2中发片相邻的上方斜向划分发片，取出头发，进行同样的修剪。

● 侧面的修剪

侧面与后面相同，将头发纵向划分发片向后上方引出，以接近均等层次的修剪方法进行低层次线条的修剪。

到顶部为止划分纵向发片，修剪层次幅度，使发束形成逐渐向下的线条。依照同样的方法对另一侧进行后面与侧面的修剪。

6

侧面修剪完毕的状态。层次幅度的形状变得清晰了，稍微有点硬朗的印象，轮廓线处发际的形状就显现出来了。

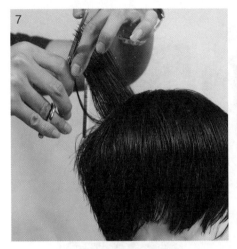 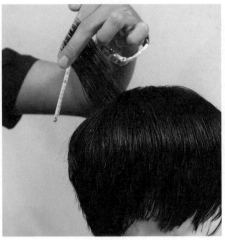

从头部的黄金点开始向上纵向划分发片，取出头发。向后上方引出的话，就会表现出如图所示的切口。

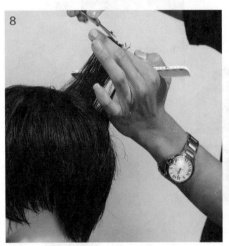 

用均等层次法对切口进行修剪。

 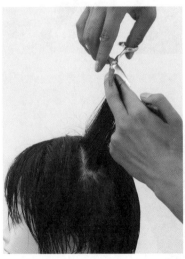 

在头部的黄金点上方进行环绕头部一周的均等层次的修剪，表现出头发的动感。

● 修整形状

取黄金点上方和下方的纵向发片，将均等层次和低层次之间的角剪掉。

从顶部到下方轮廓线，变换角度引出头发，剪掉在切口处露出的头发。

继续在顶部和下方轮廓线之间进行修剪。修整形状的时候要注意，不要将鬓角部位的头发剪短。

● 检查修剪

一侧修整形状完毕的状态。与另一侧相比，形状显得更加圆润。

将顶部的头发向上引出，有图中所示的角露出，将其剪掉。

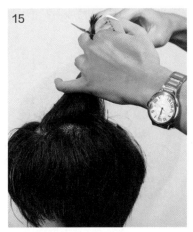

从步骤14中的发片向前继续分取发片，至前额发际线位置，所有发片全部向后引出，进行检查修剪。

● 前面的修剪

沿着分区线，在发量多侧取平行于前额发际线的发片，稍微梳向发量少侧后进行修剪。继续向后分取发片至头顶，采用同样的方式进行修剪。

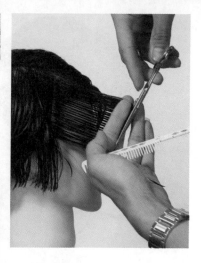

发量少侧与发量多侧采用同样的方式进行修剪，将发量少侧分区线附近的头发略微梳向发量多侧进行修剪。

将发量少侧的头发平行于前额发际线划分发片取出，进行高层次修剪。继续向后分取发片至头顶，采用同样的方式进行修剪。

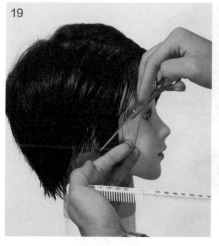

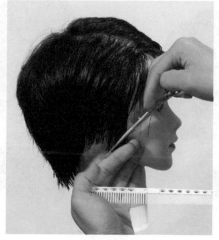

将鬓角部位的头发梳成向前的C型，使内侧的头发露出表面，让头发自然下垂。从下面入剪，从发梢向发根细细地修剪，使头发融合于脸部周围的头发。

● 侧面的修剪

将耳朵前面的头发梳成向后的C型，使内侧的头发露出表面，让头发自然下垂。从下面入剪，从发梢向发根细细地修剪。

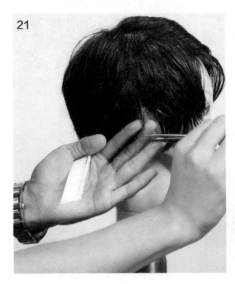

将耳朵后面的头发梳成向前的C型，使内侧的头发露出表面，将碰触到耳朵的头发剪掉。

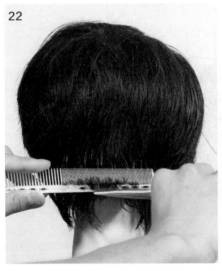
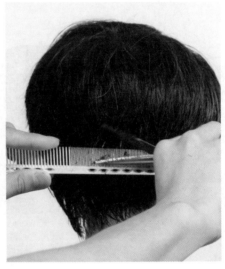

用梳子梳理头发的同时，用压剪的方式将脖颈处的头发修剪得流畅。

● 发量和质感调整

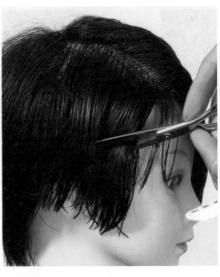

侧面，将头发从前向后用牙剪移动修剪。

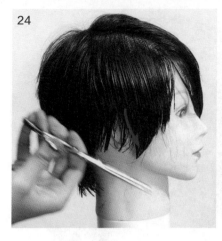

耳朵前面的鬓角处用牙剪修剪，使鬓角部位有尖锐感。

● 吹干后的修剪

为了使发量少侧鬓角与前面的头发更好地衔接在一起，取与前额发际线平行的发片，向前引出，进行高层次修剪，并继续向后分取平行发片，进行同样的修剪。

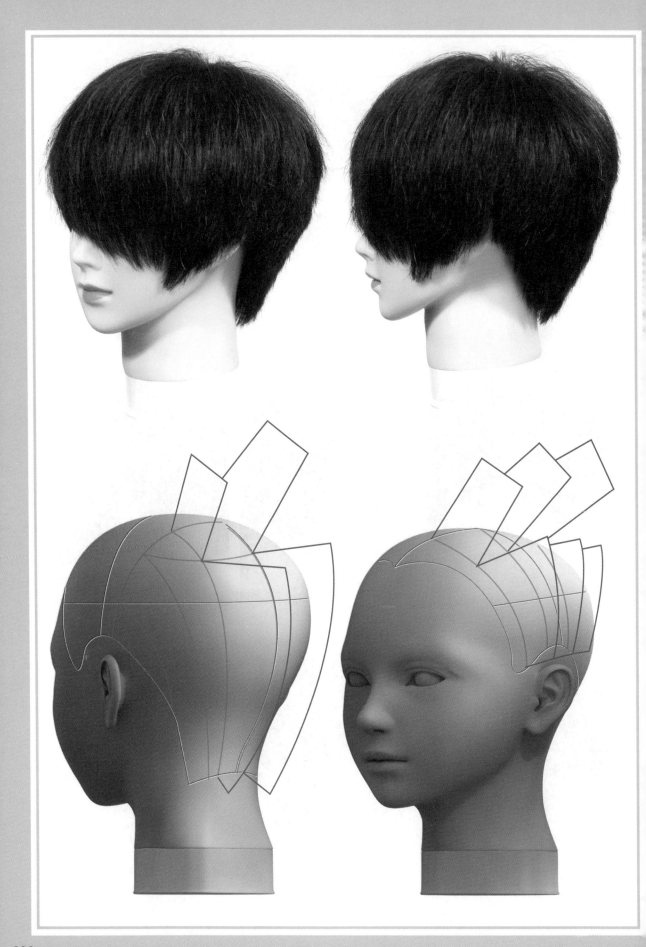

实例 3

耳上短发造型

头顶高层次的短发造型

因为脸部周围是重点,所以首先从前面开始修剪。虽然是能看见耳朵的头发长度,但要好好地修整重量区,使其不要过于尖锐,做成对耳朵形成修饰、有女人味儿的短发。

| 正面 | 半侧面 | 侧面 |

---- 小贴士 ----

注意这款发型,要在修剪完高层次后,在顶部再次加入高层次的修剪。

● **前面的修剪**

对头发进行斜分,从发量少侧将头发斜向划分发片取出,引向前方,修剪低层次的线条。

继续以相同方法修剪低层次的线条。

从下一个斜向发片开始，将刘海和前面的头发合并到一起进行修剪。

继续向后逐步分取发片，直至头顶。所有发片都是引向前方，修剪低层次的线条。

5

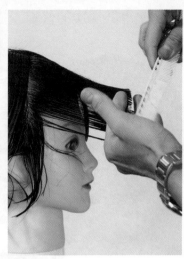

将发量多侧的头发也向前梳，用与发量少侧同样的方法修剪。

6

耳上短发造型的前面就修剪好了。因为额头上留有刘海，所以，即使头发长度较短，也会有女人味儿。

● 后面使用低层次的修剪

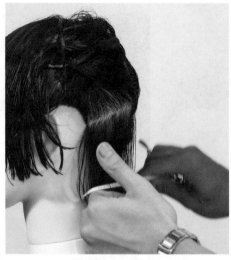

在后面脖颈处的中心线上取出纵向划分的发片，向后引出，修剪出层次幅度。

继续在相邻处取出一个发片。因为是以头顶为中心点呈放射状分取发片，所以，从下一个发片开始要斜向取出，向后引出，用低层次法进行修剪。一边将上一个发片与下一个发片之间的角修剪掉，一边向前推进修剪。

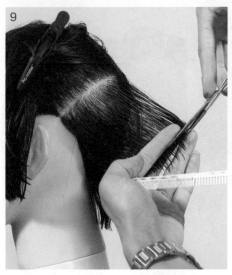

仍然以同样的斜向划分方式向前向上取出下一个发片，修剪出层次幅度，使头发形成下降线条。

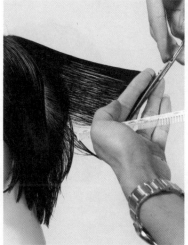

到双耳连线的顶部，也用同样的方法分取发片并修剪。

向侧面推进修剪。与后面一样，将双耳连线处纵向划分好的发片取出，向后引出，修剪低层次的线条。

继续向前分取与上一侧面发片相平行的纵向发片，向后引出进行修剪。

  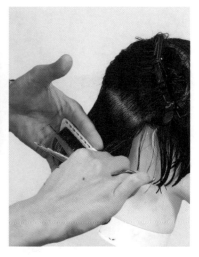

到此为止，发量少侧修剪完毕的状态。

发量多侧也一样，在后面分取纵向和斜向发片，在侧面分取纵向发片，以低层次修剪法进行修剪。

● 修整形状

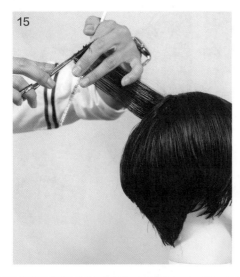 

在后面的顶部向后上方引出发片，进行高层次的修剪。

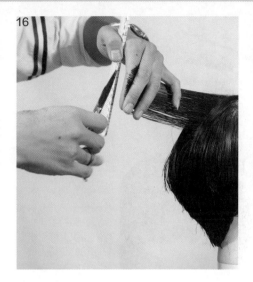

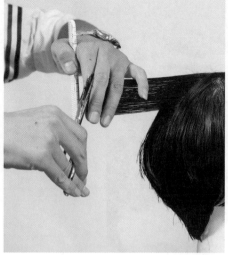

从步骤15中修剪的部分开始到重量区线为止，进行检查修剪，将切口处出现的角剪掉。

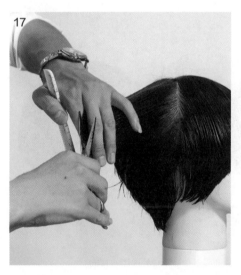

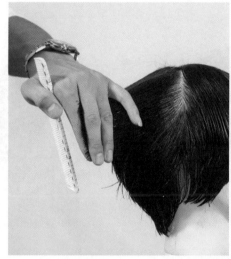

对后面的两侧也进行检查修剪，形成流畅的形状。

对侧面也同样进行高层次修剪和检查修剪，修整形状。

检查修剪分区线。首先剪掉双耳连线处出现的角，然后沿着分区线分取发片，到前额为止。将头发全部引出到相同的位置，进行检查修剪。

● 轮廓线的修整

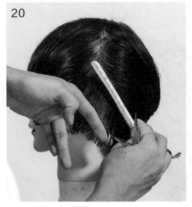

耳朵周围的检查修剪。在耳朵上方将头发分成前后两部分，分别梳成朝向耳朵的C型，再精修剪内侧的头发。

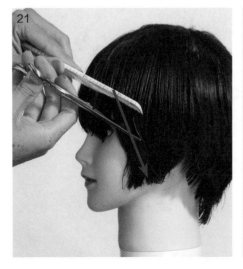

将耳朵前面的头发分别从前后两个方向用牙剪修剪，打造出鬓角的尖锐感。首先从前面开始向后至耳朵上方进行精修剪，然后再从耳朵上方开始向前至刘海进行精修剪。

22

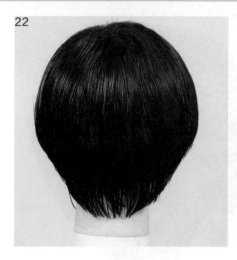 

吹风前的头发修剪完毕。

● 吹干后的修剪

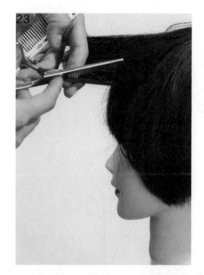  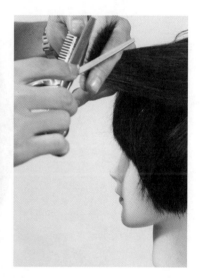

为了使发量少侧鬓角与前面的头发更好地衔接在一起，取与前额发际线平行的发片，向前引出，进行高层次修剪，并继续向后分取平行发片，进行同样的修剪。

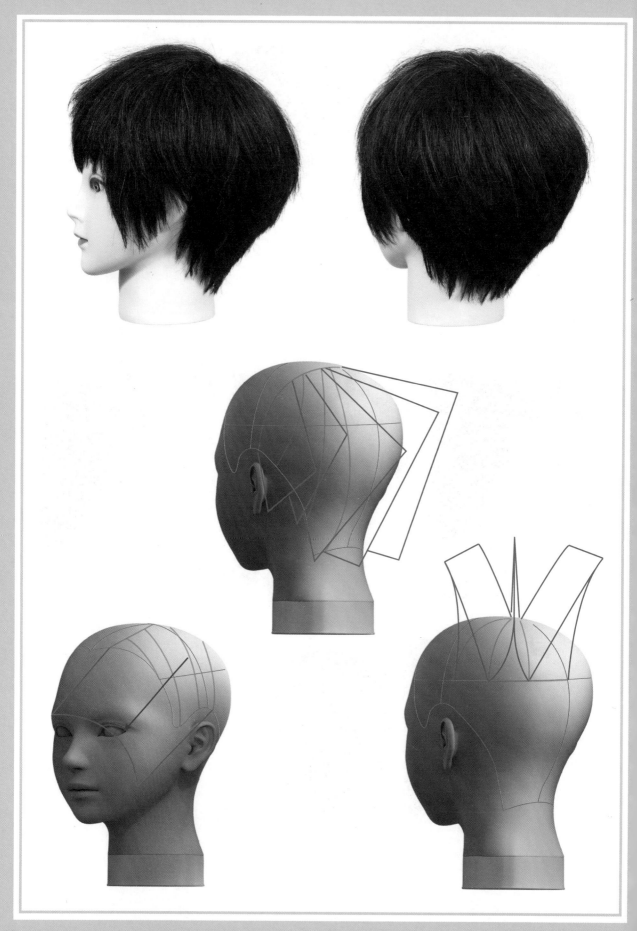